伊地知英信
IJICHI　Eishin

外来種は悪じゃない

ミドリガメのための弁明

草思社

はじめに

うちには、１匹のカミツキガメがいる。２００５年（平成17年）、東京都内の公園の池から我が家にやってきた。このカメは私が死んだら、殺さなくてはいけないという条件で石原慎太郎東京都知事（当時）に飼育を許可されたものだ。もちろん石原さんにお目にかかって「いいよ」と言われたわけではない。特定動物の飼養《しよう》許可書という書類上のことだ。そして「飼うことの条件のひとつにカメを他人に譲り渡すことは禁止だよ、それで飼えなくなったらどうするの」と詰め寄られる。その結果、殺さなくてはいけないという選択肢しかなくなるのだ。カメ１匹を飼うのに、そんな大げさなことになるとは、私もカメも思っていなかった。

ふつう、日本人はカメは縁起の良いもの、その長寿にあやかりたいと願っているものだが、この場合、私が長生きしないと、カメが困るということになってしまった。さらに

数年後、カミツキガメが特定外来生物に指定されて環境省の許可が必要になるなど、いくつかの条件は変わったが、私がカメのために長生きしなくてはならないという前提は今も変わりがない。

実は私の家には、もっと古くから別のカメもいる。それはやはり同じ公園の池からやってきたミドリガメことミシシッピアカミミガメだ。このカメとは、彼（オスです）が生まれた１９９８年（平成10年）４月８日から今日までの付き合いになる。その日、公園を歩いていると、歩道の踏み固められた土にポコっと穴があいて、そこから仔《こ》ガメが４匹出てきたのだ。誰かに踏まれては可哀想だし、とりあえず公園の管理事務所（当時）に話して家に保護した。その１匹が今も私の家にいる（ほかの３匹は姪甥の家に健在）。つまり生まれた日から我が家にいるカメだ。

そのミドリガメが16歳の冬、大きな物音とともに姿を消してしまった。庭に置いてある容器の蓋がはずれていた。冬眠中のカメを誰かが誘拐したのだ。家のまわりを探しまわり、翌日に４本の足が齧《かじ》り取られた状態でそのカメは発見された。犯人はどうやらハクビシンらしい。甲羅に引っ込み、必死に身を守ったのだろう。そのことを想像すると心が痛む。しかし体の不自由（陸上では歩けない）をものともせず、今もこのカメは毎日を明るく元気に過ごしている（今年で25歳）。そして２０２３年（令和5年）6月、ついにミドリガメ（ミシシッピアカミミガメ）は条件付特定外来生物に指定された。

カミツキガメもミドリガメも、もともと日本にはいなかったカメだ。それが近所の公園から我が家にやってきた。カミツキガメは誰かが逃したもの、ミドリガメは誰かが逃したものの子孫だろう。今では外来生物（外来種）として有名になってしまった。

付記　２０２３年6月1日よりミシシッピアカミミガメ（ミドリガメ）とアメリカザリガニは条件付特定外来生物に指定された。だがご心配なく。これまでどおり大切に飼っていれば問題はありません。手続きも不要。心配なら環境省の相談ダイヤル０５７０—０１３—１１０（9時～17時／12月29日～1月3日は除く／通話料発信者負担）まで。

目次

はじめに……2
第1章　それは公園の池からやってきた……7
第2章　外来って、どんなこと?……49
第3章　実は、どこにもない手つかずの自然……75
第4章　外来種がいないと困る在来種……101
第5章　今ある自然を見直す……123
第6章　外来種も暮らす新しい自然……145
おわりに……187

ハーイ
生き物大好き
ハルよ
外来生物が悪者に
なっているけれど
それって本当かしら?

◉本書の内容は執筆当時のものです。法令等はウェブ等で最新の情報をお確かめください。

第1章

それは公園の池からやってきた

◉公園の自然

自然に対する考え方は人さまざまだ。それを如実《にょじつ》に感じるのは東京の公園である。都会の公園なんて自然じゃないよ、と言う人がいるいっぽうで、緑に触れる憩いの場だと思う人もいる。そして公園にはいろいろな生き物も住んでいる。

放流された錦鯉《にしきごい》に餌《えさ》をやりたい人も、花壇《かだん》に色とりどりの花を咲かせる園芸種を植えたい人もいる。その脇の大木ではオオタカが営巣《えいそう》していて、たくさんのカメラマンが望遠レンズの砲列を作っている。そしてカワセミが大人気だ。ここのカワセミは人慣れしていて、人も望遠レンズの砲列も恐れない。スマートフォンでも撮影できる。まるでモデルのような鳥だ。アメリカザリガニをスルメで釣る親子、こっそりブラックバスを釣ろうとルアーを投げている少年たちもいる。生き物をかまう人も、かまわれる生き物も

都会の公園

ハクビシン

夜行性。電線の上も歩ける。マングースと同じジャコウネコ科。

コイ

水草や小動物を食べつくして、水底をサバンナ化させる。

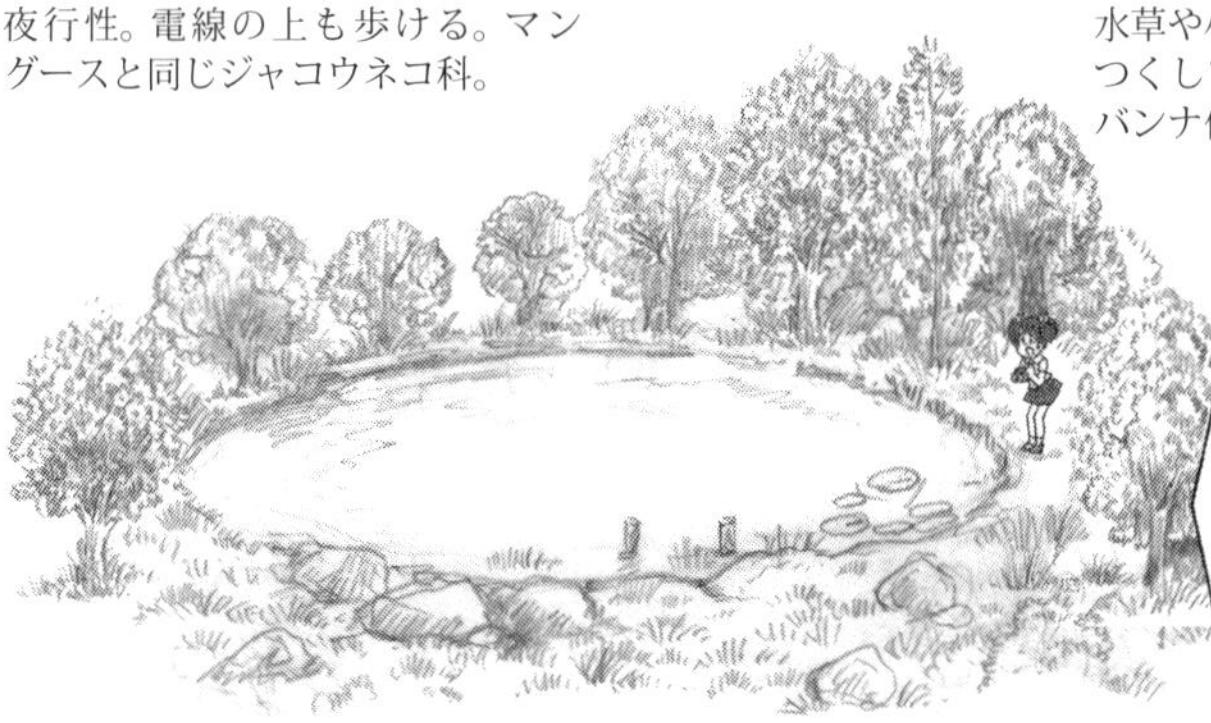

アメリカザリガニ

小さいうちは赤くない。殖えると水草を食べつくしてしまう。条件付特定外来生物として、販売と放流が禁止された。捕まえて飼うことはできる。

カルガモ

初夏にはヒナの行列が見られる。本州では一年中いる留鳥。

公園の利用者である。

「ハトにエサを与えないで！　ハトはペットではありません。エサやりはハトにも人にも迷惑になります。エサやりはフン害を引き起こすばかりでなく、ハトの過剰な繁殖を招くのでやめましょう（東京都環境局）」と、書いてある張り紙の近くでパンの耳をハトにカラスに、コイに投げている人がいる。ベンチのかげでは、毎日配達される餌《えさ》をうまそうに食べている地域猫（特定の飼い主のいない猫）がいる。池の縁《へり》では外来生物駆《く》除《じょ》ということで、カメの罠《わな》がしかけられ、外来種のミドリガメだけでなくクサガメまでもが駆除されている。池の外周路では、近所から来た多種雑多な犬たちが飼い主とともに集っている。夜になるとゴイサギがガーガー鳴きながら姿を現し水辺の杭《くい》の上から小魚を狙う。少し前まではモツゴが多かったが、今はブルーギルの小さいやつがご馳走《ちそう》だ。さらに電線をつたって、ハクビシンが近づいてきてビワの実を食べはじめた。

これは東京にある公園のようすだ。全体としては都内でも自然が豊かなほうだろう。ここに住む生き物は在来種もいれば外来種もいる。ごく一般的な都会の自然の姿だ。しかし、ここから仮に外来生物を取り除いてしまうと、あとに何が残るだろうか。在来生物も、外来生物に助けられて生きている（外来の魚やエビ類は餌になり、外来の植物は住《す》み処《か》やかくれ場所になる）のに、それがかなわなくなる。その場に生きる生き物の現実は、外来だとか在来だとかはまったく関係がない。利用できればそれでいい。『昆虫記』を書いたジャン＝アンリ・ファーブル（１８２３―１９１５）も、ハチが巣を作るために、外来種だろうが在来種だろうが、見たこともない植物を利用していると、約１５０年前に記述している。

　脱線したが、これがリアルな東京の自然だ。うちにいる２匹のカメ、カミツキガメとミドリガメもこんな公園からやってきた。

●外来生物が教えてくれること

　今、日本の自然の中で暮らしている外来生物は、人間が海外から連れてきたもの、乗り物や荷物などにまぎれて運ばれてきたものの子孫である。前者で言えば最初から自然へ放す目的であったものと、外に放すつもりではなかったけれど結局逃げ出したり、捨てられたりして広がったものだ。

　外来生物というと今ではすっかり悪者のイメージだが、つい数十年前までは、誰もそんなことは言ってはいなかった。そもそも公園の自然に関心をもつ人などほとんどいなかった。それが今では公園の事務所に「なんでかいぼりをしないのか」と苦情を言いにくる人がいるほどになった。「かいぼり」の是非についてはあとで触れる(→106頁)。

そもそも公園は、自然なのか、人工的な空間なのだろうか。自然とは、もっと郊外の人里離れた山の中にあるものを指すのだろうか。

それはともかくとして、公園の中でも、さまざまな生き物が人間とは関係なく、勝手に暮らしているのだから、私は彼らの存在を認めてやりたい。人工的であっても、小さな空間であっても、そこに生き物が暮らしていたら、そこは自然だと私は考えたい。

そして外来生物は悪者で、在来生物は良い存在だという単純な考え方にも疑問を抱く。つまり生き物を良い悪いで見ること自体がおかしな自然観だと思うのだ。だから外来生物を取り除けば「理想の自然」が再現される、という考えを疑っている。外来生物といっても、その時代的な背景や、生物としての特徴には差があり、外来であることを理由にすべての外来種を同列に語るのは無理があるからだ。

今、多くの人が外来生物が気になるのは、マスコミが「話題」にするからだろう。でも、そういう人の口からは、それ以外の自然の話は出てこない。むしろ自然に少しでも興味のある人なら、外来種の話になると少し複雑な表情になる。私はそのような人と、公園の小さな自然について話し合ってみたい。この本を書いた動機はそんなことがきっかけだ。

自然保護（流行の言葉では自然再興《ネイチャーポジティブ》）自体を否定するつもりはない。ただ自然の管理に正解はない。それでも、どこかで基準となる線を引く必要がある。その線の引き方、あるいは自然の理解をもう一度、立ち止まってよく考えてみたいのだ。自然保護は人間の「善意の介入」である。しかし実際には「余計なお節介」になっていないかと心配になる。ヨーロッパの格言に「地獄への道は善意で舗装されている」がある。自然の振る舞いは、人間の予想できない状態で進んでいく。今ある「在来種も外来種も暮らす自然」から考えはじめるなら、両者を区別してもあまり意味がない。外来種が存在する小さな公園の自然が、それを教えてくれるだろう。

●外来生物もいる自然

東京の郊外（といっても23区内）の公園の自然の話の続きをしよう。公園には池があって、隣接した旧家にはうっそうと繁る森もある。季節ごとにさまざまな鳥が姿を見せてバードウォッチングを楽しむ人も多い。

池や川にも生き物が暮らしている。たとえば私が子供のころ（昭和40年代）ならモツゴ、タイリクバラタナゴ、コイ、ソウギョ、ギンブナ、キンブナ、ヘラブナ、ソウギョ、カマツカ（今はスナゴカマツカ＝当時現地ではツチフキと呼ばれていた）、ドジョウ、カダヤシ、ウキゴリ、ジュズカケハゼ、ヨシノボリ（今はトウヨシノボリやクロダハゼ）、カムルチー、イシガメ、クサガメ、アメリカザリガニがいた。そのころブラックバスとブルーギルはまだいなかった。ブラックバスを私が初めて見たのは１９７８年（昭和53年）くらい、ブルーギルはその10年後くらいだ。カダヤシは蚊《か》の幼虫（ボウフラ）駆除《くじょ》の目的で１９７０年代に放流されたが数年で姿を見なくなった。カダヤシは、タップミノーとかトップミノーと言われていた。ミドリガメ（ミシシッピアカミミガメ）が姿を見せたときは驚いた。子供のころの憧《あこが》れのカメである。大人になれば「買う」こともできたけれど、子供心に染みついた高級感があって手を出せなかった。そんな、夢のようなカメが公園に野良《のら》で泳いでいる。ひなたぼっこをしている。びっくりした。私がある熱帯魚雑誌の編集にかかわっていたとき、その編集後記に根津神社の池で産卵するミドリガメのことを書いたら、あとから両生爬虫類学者千石正一《せんごくしょういち》さん（１９４９―２０１２）に自然環境下での産卵は日本初記録かもしれないと言われたのが懐かしい。１９８０年代のことだ。

１９７０年代、この公園にあれだけいたタイリクバラタナゴは姿を消してしまった。卵を産みつけるドブガイやカラスガイなどの二枚貝がいなくなってしまったからだろう。関東地方は、もともとニッポンバラタナゴがいない地域なので、誰かが放したか、ソウギョかコイの放流に混じって定着したものだろう。「定着」とはその生態系に組み込まれたという意味で外来種にとって重要な「事実」だ（→70頁）。

昭和初期からこの池の周辺は風致地区《ふうちちく》ということで、その事業の一環としてボート場の運営や魚の放流が行われてきた。ソウギョも皇居の濠《ほり》の草を食べる魚ということで話題になり、この池にも放流された（それが現在も生き延びている）。姿を消してしまったのは、カマツカとジュズカケハゼだ。

私は見ることはなかったのだが、かつて池に湧水《ゆうすい》が湧いていた昭和30年代まではトゲウオ（ムサシトミヨ）がいた。この地域ではオトゲと呼んでいた。こんな味わいある名前も風化していくいっぽうだ。逆に新顔としては、カワムツやヌマチチブがいる。池に流れ込む導水からか、下流の川からか、移動してきたようだ。これらの魚は、この池と同じ荒川水系に見られる魚なので、自分たちで分布《ぶんぷ》を広げたのだろう。水系《すいけい》については、またあとで触れる（→171頁）。

◉さまざまなルーツをもつ生き物

ふつう平地に点在する池の中は絶海の孤島と同じで、生き物の出入りが極端に少ない。魚については同じ水系《すいけい》に属する河川からの出入り以外は、人間が移動させない限り変化のしようがない。トンボなど翅《はね》の生えた移動性の高い昆虫や鳥は、一度姿を消してしまっても再度姿を現すことがある。もっとも鳥は一年中いる種《しゅ》はむしろ少なく、彼らは季節で移動しているから、バードウォッチャーにとっては、小さな公園の池でも毎日変化があって楽しいだろう。

公園の池のまわりにはヒキガエルが住んでいて、2～3月に卵を産むために池の中に集まってくる。ふだんは水の中にはいないカエルなので、周辺の林床《りんしょう》や家の庭などで暮らしている。それが2～3月になると、この池を目指してとことこ歩いてくるので車に轢《ひ》かれてしまうものがいる。それが可哀想で私は高校生のころから毎年その時期になると夜回りをして、道路にいるカエルを移動させてきた。毎晩数十匹ものカエルを見ていると、これらが、だんだん「自分のカエル」のように見えてくる。それがときどき「自分のカエル」でないものを見つけることがある。どういうことか？　自分の家に出てきた

春の繁殖は「ガマ合戦」と呼ばれる。

アズマヒキガエル

（ガマガエル）

児《じ》雷《らい》也《や》が乗っているのもガマガエル。

真っ黒なオタマジャクシはとても小さい。変態したての仔ガエルも小さい。

ふだんは水に入ることのない陸のカエル。

カエルをわざわざ遠くから公園の池に放しにくる人がいるのだ。事の良し悪しはともかく公園の池は、行き場のない生き物を放す避難場所にもなっている。近所にある神社でお祭りがあると、池や川に金魚の姿が増えるのと、同じことだろう。うちに来たカミツキガメもミドリガメも同じ運命をたどってきた捨てガメの一族だ。

水の中を気にしていると、小さな生き物の変化にも気がつく。いつのまにか水底の落ち葉にはフロリダマミズヨコエビが目につくようになった。やはり外来種のカワリヌマエビの仲間も多い。在来種のスジエビやテナガエビもいるけれど、圧倒的に外来種のカワリヌマエビが多い。しかし、甲殻類《こうかくるい》(エビ類)を餌《えさ》にしているカイツブリやカワセミやサギ類は、在来種も外来種も関係なく、ぱくぱく食べている。つまり外来種が在来種の食生活を支えている部分もある。水鳥たちも最初のうちは頭の骨が硬いブルーギルを苦労して食べていたが、カワセミは何回も何回も杭《くい》にたたきつけて柔らかくして食べる方法、カイツブリは何度も何度も嚙《か》んで嚙《か》んで、そして食べる方法を開発した。彼らはこの10年くらいで行動を変えることで新しいご馳走《ちそう》を手にすることができたのだ。アメリカザリガニもウが喜んで食べている。駆除《くじょ》の名目で彼らのご馳走を奪ってしまってよいのか、少し心配だ。

オオエゾヨコエビ

（水生／東日本・在来）

ニッポンヨコエビ

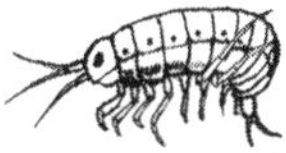

（水生／西日本・在来）

落ち葉の中に住むヨコエビ、オカトビムシ。トビムシは日本に1万種いる。

フロリダマミズヨコエビ

（水の中で暮らす／水生）

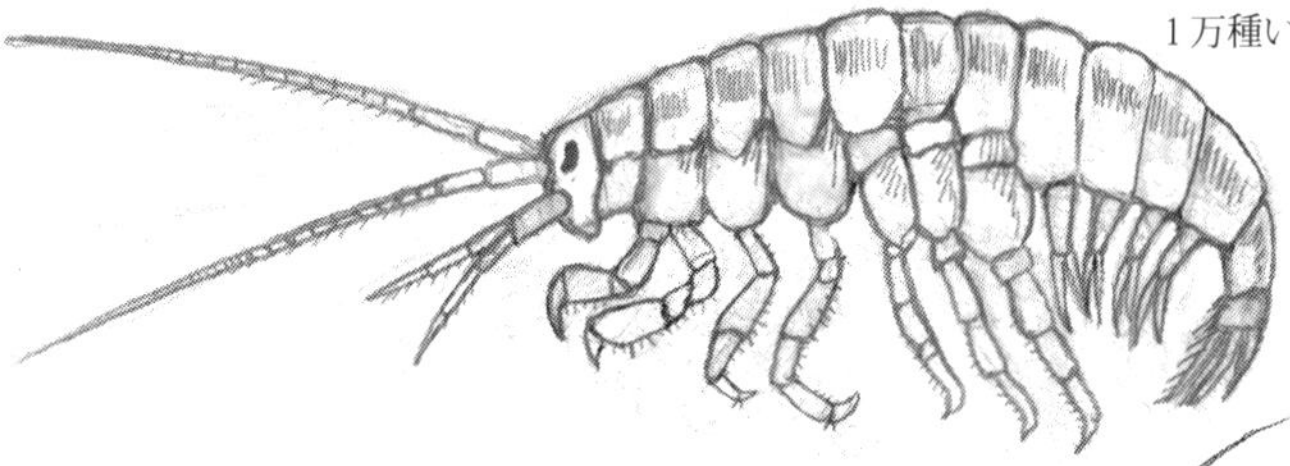

カワリヌマエビの一種

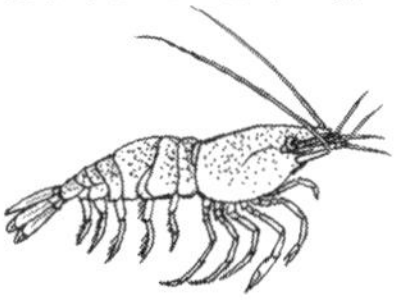

釣りの餌や鑑賞用のビーシュリンプ（外来）の仲間が雑種化して定着した。

テナガエビ（在来）

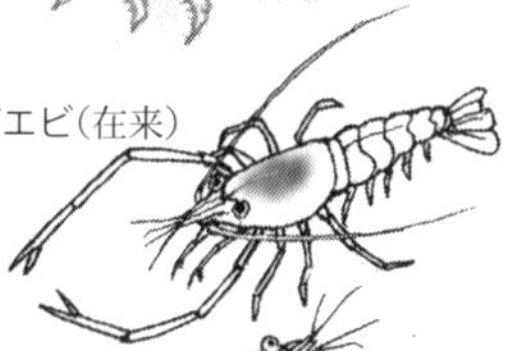

スジエビ（在来）

◉タイリクバラタナゴとトキ

関東地方はもともと日本固有のニッポンバラタナゴが分布《ぶんぷ》しない地域で、この池は近縁の外来種タイリクバラタナゴが暮らしていた。その外来種もこの40年で姿を消した。先にも述べたように原因はタナゴが産卵する二枚貝がいなくなったことだ。もともと歴史的にタイリクバラタナゴとニッポンバラタナゴは共通の祖先をもつ1種だった。日本列島が大陸から分離したときに、それぞれ大陸と列島で隔離されて(交流が途絶えて)別の種《しゅ》(亜種《あしゅ》)になったのである。日本列島に隔離されたものがニッポンバラタナゴになり、大陸に残ったものがタイリクバラタナゴである。このニッポンバラタナゴとタイリクバラタナゴは種より一段階下位の分類単位である亜種という関係だ。

ニッポンバラタナゴがいる地域にタイリクバラタナゴが放されると、両者が混じり(雑種化して)ニッポンバラタナゴという亜種を失うことになる。しかしニッポンバラタナゴがいない地域の場合は、どう考えればよいのか。タイリクバラタナゴがたくさん殖えてしまうと、それを持ち出してニッポンバラタナゴがいるところに放しに行く人が出てくるからよくないということになるのだろうか。

ソウギョ

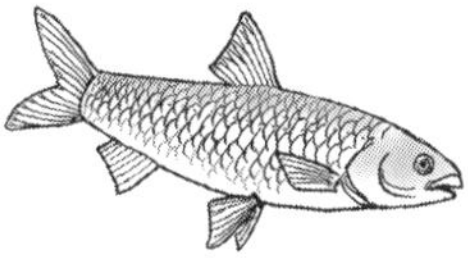

中国原産のコイの仲間。
長寿で大きくなる。

タイリクバラタナゴ

タナゴはドブガイなど二枚貝がいないと卵が産めないので、貝がいなくなると絶滅する。

ムサシトミヨ

湧き水の近くで暮らすトゲウオの仲間。海へ降下しないで一生を淡水で暮らす。

ドブガイ

ヨシノボリ

ドブガイの幼生は、ヨシノボリの体について（寄生して）分布を広げる。

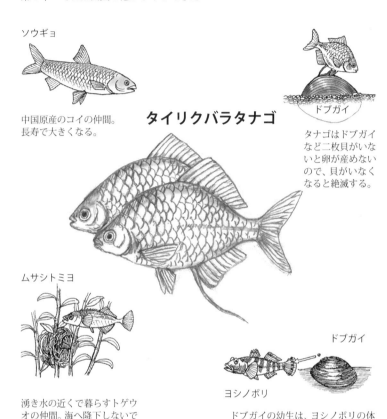

現在、佐渡に放されて定着しているトキは、日本産のトキ〈FB〉（former breeder 繁殖していたが消滅）ではなく、中国産のトキ〈IB〉（introduced breeder 外来種）である（『日本鳥類目録』改定第7版88・391頁／日本鳥学会２０２１）。その中国産のトキが佐渡固有のサドガエル（絶滅危惧IB類〈EN〉）をぱくぱく食べているというのに、それを問題にする人はいない。小さな地味なカエルよりも、外来種であっても特別天然記念物のトキのほうが大切にされている。私はヘンだと思うが、多くの人の賛成は得られそうにない。何も中国産のトキが悪いと言っているのではない。しかし人間の都合で外来種が良い存在になったり、悪い存在になったりすることを疑問に思うのだ。

以下にトキの簡単な年代記を記しておく。江戸時代、鎖国中に日本を訪れていたオランダの博物学者フィリップ・フランツ・フォン・シーボルト（１７９６―１８６６）が持ち帰った雌のトキの標本をもとに、オランダのライデン自然史博物館の動物学者、鳥類学者であるコンラート・ヤコブ・テミンク（１７７８―１８５８）が新種として１８３５年に*Nipponia*《ニッポニア》 *nippon*《ニッポン》と学名をつけて発表する。１９５２年（昭和27年）、日本で特別天然記念物に指定される。１９６７年（昭和42年）、新潟県が佐渡にトキ保護センターを建設、飼育開始。つまり数が減ってきたということだ。

以降、野生個体をすべて捕獲、人工増殖の計画が始まる。繁殖はうまくいかず、１９９９年（平成11年）中国産のつがいによる人工増殖に成功するが、２００３年（平成15年）10月10日、日本産の最後のトキ「キン」死亡。小池百合子環境相（当時）は「ついに日本の野生産のトキは絶滅したことになる」と発表した。

２００８年（平成20年）、中国産のトキの放鳥《ほうちょう》開始。その定着が確認された２０１９年（平成31年）、環境省はレッドリストを「野生絶滅」から「絶滅危惧IA類」に変更、というのがトキをめぐる時間の流れだ。最新の記録２０２１年（令和３年）では、５００羽（推定値４８４羽・環境省発表）ほどのトキが自然環境下で暮らし、毎年50羽ちかくが巣立っている。

●実はとても大切な普通種

天然記念物や、絶滅危惧種というと、なんだかとても有難《ありがた》い生き物のような、自慢すべき生き物だと思う人がいる。ワシントン条約の指定種も同じだ。それぞれ意味は少しずつ異なるが、いずれも人間が便宜的に自然物に貼《は》ったレッテルである。同じレッテルでも、その反対（?）には「普通種《ふつうしゅ》」と呼ばれるものたちがいる。読んで字のごとくで、一般的によく見られる種《しゅ》、たくさんいる種ということだ。この「普通種」を、軽《かろ》んじる人がいる。どこにでもいるし、絶滅もしないからだろうか。しかし本来、生き物はすべて普通種であることが健全だ。それが今はあべこべになっている。またこれだけ国内外来種（たとえば琵琶湖周辺にだけ分布《ぶんぷ》していたゲンゴロウブナが全国で見られるようになったもの）が気になる世の中であれば、地元ならではの「普通種」はむしろ誇るべき郷土自慢のはずだ。そして自然の少ない都会の真ん中にいれば、「普通種」だって、それはとても貴重な存在だ。生き物の自然分布域には長い時間の裏付けがある。それは種の系統的な歴史だったり、地誌が関連しているのだ。

公園で生き物の説明会をすることがある。子供たちから多い質問は「ここにいる外来生物はなんですか?」、「これは外来生物ですか?」（その生き物の名前を聞くまえに……）というもの。少しまえには「ここで珍しい生き物はなんですか?」という質問もあったのだが、これは聞かなくなった。自然への興味がその生き物の名前より、まず外来生物かどうかなのだ。子供は単純（あえて言う）だから、いちばん強い、いちばん珍しい（高価）、などというわかりやすい評価を聞きたがる。外来生物の質問が多いのも、その流れのひとつなのだろう。

全国的には普通種でも東京の公園では、ウキゴリは貴重なハゼの仲間。

地方名が多いハゼ。全国的にみればウキゴリは、いちばん親しまれているハゼの普通種。

ウキゴリ

イサザ

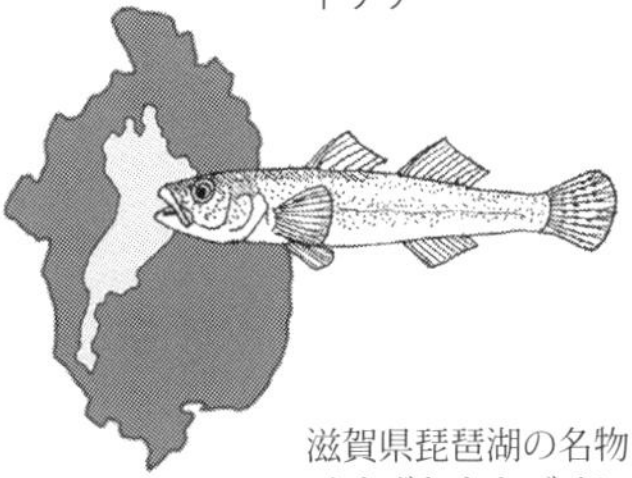

滋賀県琵琶湖の名物イサザもウキゴリに近い仲間。

シマウキゴリ

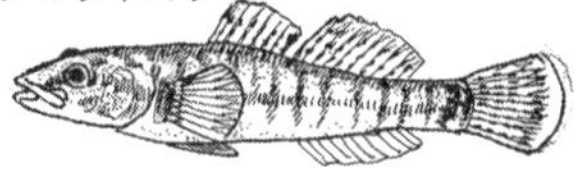

スミウキゴリ

近い仲間にシマウキゴリやスミウキゴリがいる。

そのときたとえば、この池にはハゼの仲間で、ウキゴリという魚がいます、という話をする。日本全国から見ればウキゴリは「普通種」だけど、東京にある公園の池にウキゴリがいることは、自慢してもいいことなんだよ、という話をする。どのくらい伝わるのかわかならないけれど。

大人でも同じだが、複雑なものごとを単純化させて説明すると大切なことが抜け落ちてしまう。抽象的なことを理解できるようになる小学校4年生くらいまでは、「自然の危機」を伝えるよりも、「自然の楽しさ」を体験させるべきだ。熱帯雨林の減少や、海洋を漂うマイクロプラスチックス、空に広がる二酸化炭素、そして外来生物などの「大きな話」より先に、足もとの自然の面白さを理解することのほうが大切だ。

自然の楽しさ、つまり自然の驚き(いわゆるセンス・オブ・ワンダー)や自然への共感(自分もその一部である理解)は、思春期に突入するまえでないと培《つちか》うことはできない。自然の中での冒険、生き物と友達になること(悲しい別れを含む)、足もとにある道や川の空間的な広がり、季節をめぐる植物の姿の変化や生き物たちの訪れなどを体感することだ。このような自然体験によって初めて自然に呼応する能力(ナチュラル・リテラシー)を身につけることができる。この「訓練」は、思春期まえという臨界期があり、大人になってからでは難しくなる。なぜなら大人になり、ものごとを頭で考えるようになると、自然という複雑な問題でも、単純な二項対立でとらえるようになり、在来種（良い）、外来種（悪い）という単純な理解にとらわれるからだ。「悪い話」は伝わりやすく、印象にも残りやすい。それが積み重なると世界は悪くなるいっぽうで、やがて自然嫌い（自然忌避《エコフォビア》）を引き起こす。つまり自然への無関心だ。これはいちばん怖いことだ。

大人が本当の大人の立場として子供と付き合うためにも、子供たちの成長にそって、理解できる範囲の自然の現実を伝えるべきだ。つまり小学校4年生くらい（思春期直前）までは、自然は楽しいだけで良いのではないかと私は考えている。ほっておいても思春期になれば自分でいろいろなことを考え出すからだ。

後に触れるアメリカの思想家・博物学者のヘンリー・デイヴィッド・ソローは「初めにゆっくり育てば育つほど、木は芯がしっかりするものだ。それは人の成長もまた同じである」と書いている。

●ビール樽で運ばれたアメリカザリガニ

公園の池にはアメリカザリガニがたくさんいる。アメリカザリガニは、木製のビール樽《だる》につめられて１９２７年（昭和2年）大洋丸に乗ってアメリカから横浜港に運ばれてきたものの子孫だ。ビール樽の中で生きのこっていたのは全体の１割ほどの27匹で、鎌倉市の岩瀬に造られた「鎌倉養殖場」に運ばれた。以前はこの養殖池の跡地に「アメリカザリガニ発祥地」の記念碑が建っていたが、今はなくなってしまった。

なぜアメリカザリガニが輸入されたのかというと、やはりアメリカから輸入されたカエルの餌《えさ》にするためだった。そのカエルを殖やして人間（日本人）の食卓へ届けようと考えた人がいるのだ。フランスや中国文化圏でカエルは、ふつうに食べられていた。日本に輸入されたカエルの名前は食用ガエル。夜になると牛のように「ヴォーッ、ヴォーッ」と鳴くのでウシガエルというのが正式な和名である。大きなカエルで太ももを食べる。アメリカの作家マーク・トウェイン（１８３５―１９１０）の『その名も高きキャラヴェラス郡の跳び蛙』（１８６５）で書かれているカエルだ。当地では、今でもカエル跳び大会が開催されており、最長記録は６・４ｍ（１９８６）という。どうやらこれは１回の跳躍ではなく連続する3回、つまり三段跳びの記録らしい。

もともとカエルを食べる習慣はアメリカ人にはなく、フランス人のものだ。たしかにミシシッピ州に最初に入植したのはフランス人で彼らはカエルを食べる。ウシガエルは

ヴォーッ、ヴォーッと牛のような声で鳴く北アメリカ原産のカエル。

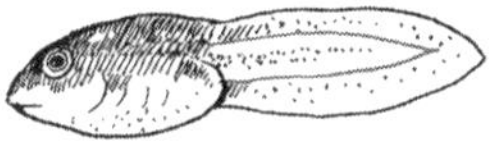

オタマジャクシは大きく、２～３年でカエルになる。

ウシガエル
（またの名は食用ガエル）

アメリカザリガニはウシガエルの餌として輸入されていた。

中国では田鶏《デンチー》と呼ばれ、太ももの所を食べる。

ヨーロッパにはいない大きな(食欲をそそる)カエルだ。フランスへ輸出するために捕獲されていたらしい。もちろん、フランス人が母国で食べていたのは、ウシガエルではなく、ヨーロッパトノサマガエルというフランス産のカエルだ。学名は旧*Rana esculenta*(*Pelophylax* kl. *esculentus*)である。種小名にある*esculenta*=*esculentus*にはいずれも「食用の」という意味がある。そして現在の研究では、ヨーロッパトノサマガエルはコガタトノサマガエルとワライガエルの自然雑種(klepton《クレプトン》)であると考えられるようになった。自然の生物でも雑種が存在することを覚えておいてほしい。ちなみに中国文化圏でもともと食べられていたカエルはトラフガエルである(現在はウシガエルも食べられている)。

話が長く脱線したが、明治時代に西洋料理に憧《あこが》れていた日本人はカエルを食べることにも興味をもったのであろう。そのカエルの餌《えさ》としてアメリカザリガニは日本にやってきた。その後アメリカザリガニは、養殖池から逃げ出したり、持ち出されたりして全国に広がり、昭和40年代には北海道をのぞくほぼ全国の水辺で見られるようになった(現在では北海道にも分布《ぶんぷ》する)。さらに平成になるとアメリカザリガニ以外のザリガニ類がペットとして世界中から輸入されるようになった。これらの新顔のザリガニは、アメリカザリガニのように日本に定着する可能性が高いため、新たな外来種問題を未然に防ぐ意味で、外来ザリガニすべてが特定外来生物に指定された（２０２０年〈令和２年〉11月２日施行）。特定外来生物に指定された種《しゅ》は、飼育・輸入・放流・譲渡・販売することができない。当時、この指定からアメリカザリガニは除外されたが、それはアメリカザリガニがすでに広く野外に定着していること、そして学校などで飼育されているものも多く、もし指定を受けた場合、「飼い続ける手続きが面倒」ということで、ふたたび野外へ逃がされることを懸念したものと言われている。そして、その３年後ついにアメリカザリガニも条件付特定外来生物に指定された。条件付特定外来生物については、またあとで詳しく述べる（→73頁）。

◉アマゾンのミドリガメ

昭和30～40年代の子供たち（含む私）にとって、ミドリガメは憧れのカメだった。

１９６６年頃の学年雑誌に「森永スキップとチョコボールでアマゾンの緑ガメをあげます！」という広告が掲載されていた。そこには、毎週火曜日抽選で３０００人に「世界でも珍しい愛玩用のカメさん。大きさは４センチから５センチ。コウラは美しい緑色。アマゾンやミシシッピーから海を越えて……到着！」と高々とうたいあげられていた。そして「上野動物園飼育係長の杉浦《すぎうら》宏《ひろし》先生」の言葉として「緑ガメは、可愛くて丈夫なので、世界中の動物愛好家がペットにしています」という解説も載っている。応募方法は、森永スキップ、森永チョコボール、森永ピーナッツチョコボールの空箱100円分を1口で応募（30円の製品は3個分でも1口）というもの。まず当時の子供（含む私）は、「アマゾンの」という言葉にシビレた。それは今とは違い、もっと神秘的な響きがあった。応募が大殺到して合計1万5000匹のミドリガメが全国に発送されたという。

ミドリガメは、とにかく当時の子供たちには夢のような存在だった。全身が緑のカメなど見たこともなく、身近な銭亀《ぜにがめ》（黄土色・イシガメの仔《こ》）、クサガメの仔（真っ黒）とまったく違う存在だった。金魚屋で売られるようになってからも高価で別格の扱いだった。だから当時はミドリガメを野外に逃がすなど、とても考えられないことだった。

このカメの緑色は、ミシシッピの池《スワンプ》で水面に浮かぶ水草に紛れるための体色で、天敵である水鳥の目をごまかすための隠蔽色《いんぺいしょく》（保護色）だと言われている。ただしミドリガメことミシシッピアカミミガメは、アマゾンにはいない。これは森永製菓が宣伝のために「作った話」だった。今なぜ北アメリカのカメに「アマゾン」というキャッチフ

アマゾンでは
ミドリガメは
見つからないねえ
だって僕
ミシシッピ川の
カメだもん

ミドリガメの始まり……！

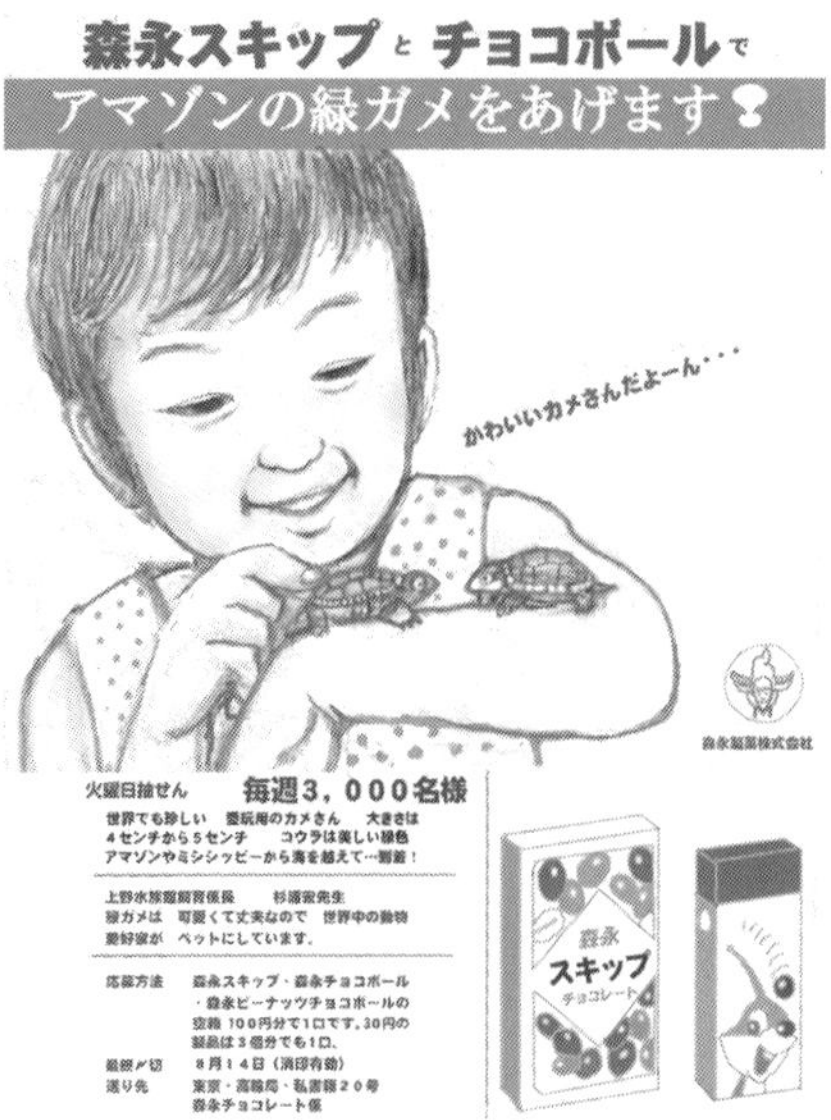
森永スキップとチョコボールで
アマゾンの緑ガメをあげます❢
かわいいカメさんだよーん・・・
森永製菓株式会社
火曜日抽せん
毎週3,000名様
世界でも珍しい　愛玩用のカメさん　大きさは
4センチから5センチ　コウラは美しい緑色
アマゾンやミシシッピーから海を越えて…到着！
上野水族館飼育係長　杉浦宏先生
緑ガメは　可愛くて丈夫なので　世界中の動物
愛好家が　ペットにしています。
応募方法　森永スキップ・森永チョコボール
・森永ピーナッツチョコボールの
空箱 100円分で1口です。30円の
製品は3個分でも1口。
締切〆切　8月14日（消印有効）
送り先　東京・高輪局・私書箱20号
森永チョコレート係
森永
スキップ
チョコレート

レーズがついたかを推測してみると、当時の「ミドリガメ」とは、ミシシッピアカミミガメ *Trachemys scripta elegans*（アメリカ産）と、近い仲間のコロンビアクジャクガメ *Trachemys scripta callirostris*（コロンビア産）の2亜種が混ざっていた。コロンビアはアマゾン流域《りゅういき》ではないのだがコロンビアクジャクガメは、南米産なので「アマゾン」と結びつけて宣伝されたのかもしれない。コロンビアは１９７０年頃にカメの輸出を禁止したので、それ以降の「ミドリガメ」は、ミシシッピアカミミガメだけになっている。

後年、上野動物園そして井の頭自然文化園を経て退官された杉浦宏さん（１９３０―）と雑談していたとき、ひょんなことでミドリガメの思い出話になった。当時「アマゾン」と誇大広告されたことを杉浦さんはあとから聞かされて、「こまったなあ」と思ったという。そして、日本の自然にミドリガメを広げるきっかけになったことを、とても後悔されていた。「森永事件（ただしミドリガメ）」から40年以上経って聞いた話だった。

●アメリカに押しつけられたカメ

しかしミドリガメの問題は、そんなに単純な話ではなかった。このカメはアメリカで大量に養殖されている「商品」なのだ。ところがカメがサルモネラ菌をもつことがわかり、

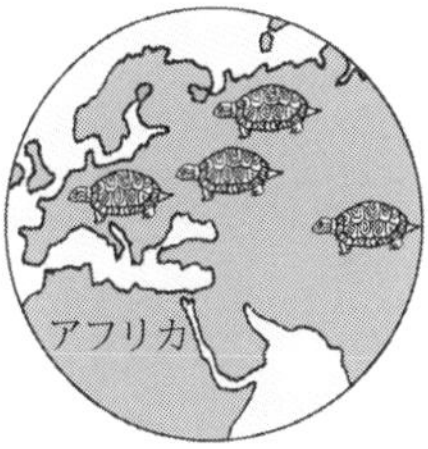

ヨーロッパや中国の
自然でも殖えている。

ミシシッピ
アカミミガメ
（またの名を緑亀）

亜種のキバラガメ、カンバーランド
キミミガメも特定外来生物に指定。

学名（亜種名）は美しいとい
う意味のエレガンス。

子ガメは小さいけれど親になると
雌で20センチ、雄で15センチに
なる。

アメリカ国内では幼児が口に入れやすい体長4インチ(約10センチ)以下のカメの商業販売が1975年(昭和50年)から法律で禁止された。この通称4インチ法はアメリカの国内法なので、輸出は禁止していない。そのためアメリカの養殖業者はダブついたカメを一気に海外へ安く輸出しはじめた。そのためミドリガメは日本でもお祭りの縁日のカメ掬《すく》いにも使えるほど安価な存在になってしまった。安価なものは、扱いが雑になる。縁日が終わると、店の人が近くの川に仔《こ》ガメを捨ててしまうようなことが起こった。そもそも輸入を禁止せずに、飼育に制限をかけることは難しい。まず水道の蛇口を締めてから、下に溜まった水のことを考えるべきだ。ちなみにミドリガメに限らず不潔な環境でカメを飼っていればサルモネラ菌は繁殖する。カメの健康のためにも毎日水換えをし、カメを触ったあとは手洗いすれば問題はない。

最初のころのミドリガメの飼育は、日光浴不足によるビタミン欠乏症で眼が悪くなり死んでしまう事例が多かった。ビタミン剤のポポンSが特効薬として使われたりもした。しかしだんだんと飼育の技術や餌《えさ》が進歩してカメは死ななくなった。健康なカメは長生きして大きくなる。小さなミドリガメが順調に育ち、実は大きなミシシッピアカミミガメであることが各家庭で問題(?)になった。うちのカメも25歳になった。子供が飼いはじめた仔《こ》ガメは、人間の子供とともに大きくなり、子供が家から独立したあとに、大きなカメだけが残される。そして飼いきれない家では野外に逃がすことも行われるようになった。これがもし非常に珍しい（つまり高価な）カメであったなら、引き取り手は必ず現れただろう。アメリカの４インチ法のため日本で安いカメになってしまったことが、カメにも飼い主にも不幸だった。

そして日本には神社や寺などで行われる放生会《ほうじょうえ》という風習がある。囚《とら》われているカメやコイを境内の池に逃がすことで供養したことになるというものだ（実際には池の端で売っているカメやコイを買って逃がす商売）。小さな命を救って功徳《くどく》（良い行い）をほどこしたと考えるのだ。浦島太郎が逃したのは在来のウミガメ（?）だが、日本人にはアマゾン（?）のミドリガメにも同じやさしさを発揮する。その気持ちを責めることは難しい。

昔の同級生から突然連絡があり、借金か物売りか宗教かと身構えていたら、家で大切に育てたカメを逃がすのに良い場所はないか、おまえならそういう所をよく知っているだろうという話だった。私はそれに「冷蔵庫の冷凍室」と答えた。現在、駆除《くじょ》されるカメを安楽死させるための行き先である。思いとどまってくれたら良いのだが、その後連絡はない。

今でも大きくなったミシシッピアカミミガメが大切に飼われているのを目にすることがある。そうすると「ああ、ここにも同志がいるな」と嬉《うれ》しくなる。ついに条件付特定外来生物に指定されたミシシッピアカミミガメは、輸入・販売が禁止され、新たに入手することが難しくなった。遠からず、かつての森永製菓のアマゾンのミドリガメのように、憧《あこが》れのカメになるに違いない。

◉可哀想なマングース

1910年(明治43年)、日本の南西諸島にインドからマングース(フイリマングース)が持ち込まれた。毒蛇《どくへび》のハブや畑のサトウキビを食べるネズミを退治するのが目的だった。1979年(昭和54年)には奄美大島にも放された。

この計画は、東京帝国大学(現東京大学)の動物学者渡瀬《わたせ》庄三郎《しょうざぶろう》博士(1862―1929)の発案によるもので、渡瀬博士がインドに行ったときコブラとマングースが檻《おり》の中で戦う「ショー」を見て、ハブ退治を思いついたと伝えられる。しかしマングースは昼間活動する哺乳類《ほにゅうるい》で、夜行性のハブやネズミと出会う機会は少ない。やがて奄美大

ネズミ退治という生物学的防除（天敵の利用）のために、世界中に分布が広がった。

ミーアキャットもマングースに近い仲間。昔はフイリもジャワもジャコウネコと呼ばれた。

フイリマングース

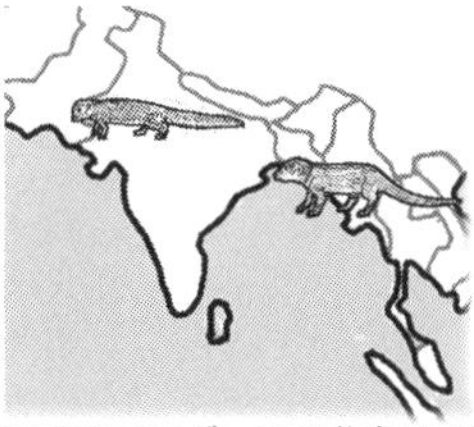

フイリマングースの分布はインド周辺。ジャワマングースはタイからインドネシアに分布。

コブラと戦うショーで有名になってしまった。両者には迷惑な話。

島では、昼間にもっと食べやすいアマミノクロウサギやヤンバルクイナなどを食べていることがわかってきた。マングースだって狭い所に押し込められれば毒蛇と戦うかもしれないが、広い自然にいるなら安全で手軽な獲物を探すはず。当時の考えでは、そのことまで考えが及ばなかったようだ。それで100年後の地元の人たちが、アマミノクロウサギやヤンバルクイナを守るために、マングースの「駆除《くじょ》」(殺す)作業をすることになってしまった。

ちなみに渡瀬博士は、ウシガエルと、その餌《えさ》であるアメリカザリガニの移植、そして天然記念物の指定(天然記念物保護法の発令)や日本犬《にほんけん》の保護にも尽力した科学者だ。これらのことからもわかるように、すべて日本や、その自然や文化に良かれと思ってやっていることだった。我々が今やっていることだって100年も経てば、とんでもない、と言われるかもしれない。だからせめて可哀想なマングースの話を覚えておこう。これは人間の失敗の話なのだ。

●繰り返されていた物語

渡瀬博士は、ハブ退治をインドで思いついたとされる。しかしマングースによるネズミ退治については、その40年前に実例があった。おそらく渡瀬博士はそれも知っていて、これは名案だと思ったのだろう。

その前例とは、やはり島で起こったことだった。人も農作物も農作物を食害するものも、すべて「外来」のものだった。そこへ、さらに「外来」のマングースが持ち込まれたのだ。

西インド諸島にあるジャマイカは、１４９９年にコロンブスが2度目の新世界航海中に「発見」した島で、１５０９年にスペイン領となり、占領者はサトウキビの大農園を作り、先住民タイノ族を働かせていた。厳しい労働のためタイノの人びとはほぼ絶滅、それを補うために西アフリカの人びと（黒人奴隷）を移住させた。その後イギリス領になり、黒人奴隷や逃亡黒人の反乱を経てイギリス直轄領、そして西インド連邦の樹立、１９６２年（昭和37年）にはイギリス連邦加盟国としてジャマイカは独立した。ジャマイカにはレゲエという音楽がある。これはもともとタイノの人びとに伝わっていたものをアフリカから連れてこられた人たちが自分たち流に伝えてきたものだ。仕事が大変、故郷に帰りたい、という詩が唄われている。

この歴史のなかでジャマイカには、サトウキビや西アフリカの人びとのほかに、クマネズミもやってきていた。そしてネズミは畑から４分の１ものサトウキビを食べるようになった。そこでネズミ退治のために１８７２年（明治5年）にマングース（フイリマングース）が運ばれてきたのだ。これが世界で初めての「生物的防除《せいぶつてきぼうじょ》」、つまり天敵を使用した生物の駆除《くじょ》だとされる。当初マングースはネズミ退治に劇的な効果を発揮し、その「活躍」から西インド諸島の各島にも移植された。ただし、ネズミ以外の在来種も絶滅させていたことには、当時はあまり注目されていなかったらしい。

このような物語は日本にもある。サトウキビ畑の害虫駆除のために移植されたオオヒキガエル、蚊《か》（ボウフラ）駆除のために移植されたカダヤシ（タップミノー／トップミノー）、アフリカマイマイ駆除のためにニューギニアヤリガタリクウズムシ、温泉や発電所の温廃水《おんはいすい》で養殖できるという触れ込みのナイルティラピアなど。マングースの反省もなく繰り返されてきた。

ちなみにナイルティラピアは、日本で名前は定着しなかったがイズミダイという商品名もあった。この魚は１９６５年（昭和40年）に皇太子時代の明仁《あきひと》親王（現上皇陛下）がタイ王室に50匹を寄贈し、現在はタイ各地に広がり重要な食料になっている。漢字で「仁魚《さかな》」、タイ語でプラー・ニン《仁》と呼ばれ友好の魚になっている。

◉とばっちりを受けるクサガメ

外来生物か、そうでない（ほぼ在来と認める）かを、その生き物が持ち込まれた時代で判断するという考え方がある。その判断によると、かつては戦前（１９４５年〈昭和20年〉）までに持ち込まれた外来生物は準在来種（?）としてお目こぼしされてきた。それが最近は、どんどん時代が古くなって、明治（１８６８年〈元年〉）になり、さらに古く江戸時代までさかのぼるようになってしまった。浮世絵や根付《ねつけ》に登場するカメにはクサガメがいない、ということでクサガメは江戸時代（18世紀後半）以降に日本に持ち込まれた外来種だと言い出す人が出てきた。そしてそれを理由に公園のカメを駆除《くじょ》（殺《ころ》す）する人たちすら現れた。その公園にいる「在来」のイシガメとの雑種が起こることが問題なのだという。科学が新しい事実を突き止めることがある。それによって考えや行動を変える必要が出てくることもあるだろう。一通の論文（疋田・鈴木２０１０）が「推定」するように仮にクサガメが外来だとしても、それならば3世紀も前から日本に定着して問題がなかった、ということを証明しているだけのことだろう。今になって急に雑種が問題だ、「クサガメを殺せ」という話になること自体が非科学的な話だ。

基本的にはイシガメとクサガメの繁殖時期はずれており、生殖的な隔離が行われている。まれに両者の交雑した個体（ウンキュウと呼ばれる）が見られることもある。そもそも、その守ろうというイシガメが有史以来この公園に住んでいた一族なのかも疑問が多い。一般論としてイシガメは山地に、クサガメは平地に見られるカメだった。それが自然が改変されてもともとの住み場所がなくなり、公園などに人が飼っていたカメ（イシガメもクサガメもミドリガメも）を放流したものが今、都会で見られるカメの顔ぶれなのだ。また種間雑種という現象も自然界にはもともとあるのだ。先に触れたヨーロッパトノサマガエルや、イワナとヤマメの交雑（カワサバ）など、よく知られた例である。まれにみられる雑種化という現象を駆除《くじょ》の理由にするのは、少しゆきすぎではないか。

この10年間に新しく姿を見せた、つまり定着しはじめた生き物を駆除しようというのならまだ話はわかるが、150年ちかく経って今さら駆除なんて酷い話だ。たしかに現在売られているクサガメの仔《こ》ガメは中国から輸入されているものもある（スッポンもドジョウも同様だ）。クサガメを駆除したいなら、まず輸入を止めることが先だろう。そのうち奈良時代にやってきたモンシロチョウも、弥生時代にやってきたスズメも外来種だと言い出す人が現れるかもしれない。

臭い匂いを出すのでクサガメ。飼っていて人に慣れると臭くなくなる。

クサガメ

クサガメの仔《こ》ガメが銭亀として売られている。本来はイシガメの仔が銭亀。

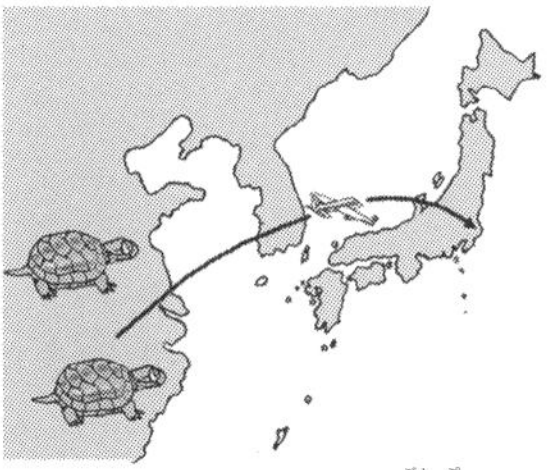

クサガメは中国大陸にも分布《ぶんぷ》している。今もキンセンガメとして輸入されることがある。

クサガメのオスはメスよりも小さい。そして黒化したものが多い

◉天然記念物は駆除できるか

山口県萩市の沖合45キロにある見島《みしま》は日本海に浮かぶ孤島である。明治維新が起こったとき島民はその政変を3年間知らなかったという。ここは1928年（昭和3年）国の天然記念物「見島のカメ生息地」に指定されている。現在の生息地「片《かた》くの池《いけ》」（地元では通称大池）で見られるカメは今はクサガメだけだ。イシガメが見られた最新の記録は1963年（昭和38年）の見島総合学術調査で、クサガメは7〜8割、イシガメは2〜3割の比率で捕獲されたという。それ以降の調査でイシガメの生息は確認されていない。私も探しに行ったけれど見つからなかった。

ではこの見島のクサガメは、外来種だと「判断された」とき駆除《くじょ》してもいいのだろうか。天然記念物を指定する文化財保護法としては、オーケーとなる（はず）。なぜか。指定はあくまでも「カメ生息地」であって、カメそのものではないからだ。これに似た例がある。特別天然記念物に指定されている富山県滑川《なめりかわ》市の「ホタルイカ群遊海面」だ。滑川産のホタルイカはスーパーで誰もが買うことができる。

文化財保護法が守っているのはホタルイカがウキウキ泳いでいる海面で、ホタルイカそのものではない、というのが理屈だ。滑川の海を守りつつ、ホタルイカを食べることは良いことだと思う。しかし法律の解釈はともかく、カメは長く、イカは短いという、その生活史（一生）を考えると、ホタルイカとクサガメは同列に語れるものではない。

ホタルイカを漁獲しつつも絶やさないように、夜美しく光る海面を守ることと、クサガメを駆除することは次元が異なる話だ。そもそも見島からクサガメを駆除したら「カメ生息地」にはカメがいなくなってしまう。

●天然記念物とは何か？

ちなみに見島のカメは、1927年（昭和2年）に渡瀬庄三郎博士が見島を訪れ、その1年3か月後にカメの生息地として天然記念物の指定を受けたという経緯《けいい》がある。博士が見島にやってきたのは、日本でも見島とトカラ列島の口之島《くちのしま》にしか残っていない純血の在来牛（西洋種と交雑していない牛）を調査に来たものらしい。

それでは天然記念物とはなんだろう。これは1919年（大正8年）制定の「史蹟名《しせきめい》勝《しょう》天然記念物保存法」（のちの「文化財保護法」）によって指定された文化財のうち、動物および植物、地質鉱物などにあたるものを指している。この法律では、ほかにも貝塚や古墳、城など学術上価値の高い史蹟、そして庭園や橋梁、渓谷や山岳などの名勝などが対象となり、指定されると保存（保護）の対象となる。

おもに生き物が指定される天然記念物に限っていえば、巨樹やホタルの群舞地など、日本人の自然観の形成に寄与したものや、並木や家畜・家禽《かきん》など、人がかかわって作り上げたものなど、文化史としての意義あるものが対象だと説明される。あくまで「文化財」なので、指定の動機（？）が数の減っている種《しゅ》を守るという観点とは違っている。

また、1931年（昭和6年）になると国立公園法ができ、3年後に瀬戸内海国立公園、雲仙国立公園、霧島国立公園の3つが指定された（平成30年現在34）。この法律も結果としては自然を守るに繋がるものだが、もともとは景観を守り、観光資源などに利用しようという発想である。これは、いわゆるエコ・ツーリズムと同じ発想で今も古びない先進的な考え方だ。いっぽう天然記念物（文化財保護法）のほうは、特に生物に関しては、文化財的な要素と、生物学的な要素を精査して制度を見直し、一部は環境省のレッドリストなどと統合するなどしたほうが一般の理解が得られやすいかもしれないと思う。

第2章　外来って、どんなこと？

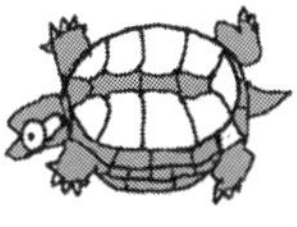

●「国境」と日本人

日本は温帯にある島国だ。四季があり、台風は来る、雪も降る。地球規模でみれば偏西風も吹いているし、海には、北からは栄養たっぷりの冷たい親潮《おやしお》が、南からは温かい透明度の高い（つまり貧栄養の）黒潮《くろしお》が流れてくる。ユーラシア大陸の端に位置する日本は、「国」でありながら、日本列島という「地形」でもある。

地球は、その誕生以来これまでに何回も、温かい時期（間氷期《かんぴょうき》）と寒い時期（氷期《ひょうき》＝氷河期）を繰り返してきた。最後の氷期のピーク（ＬＧＭ）が２万１０００年前で、それが終わったのは約１万年前のことだ。日本列島の自然は気候が温暖になると、東北地方から本州中部地方にかけてコナラやクリを中心とする落葉広葉樹林が、西日本にはシイやカシなどを中心とする常緑広葉樹林（葉がピカピカしているので照葉樹林《しょうようじゅりん》とも呼ぶ）が

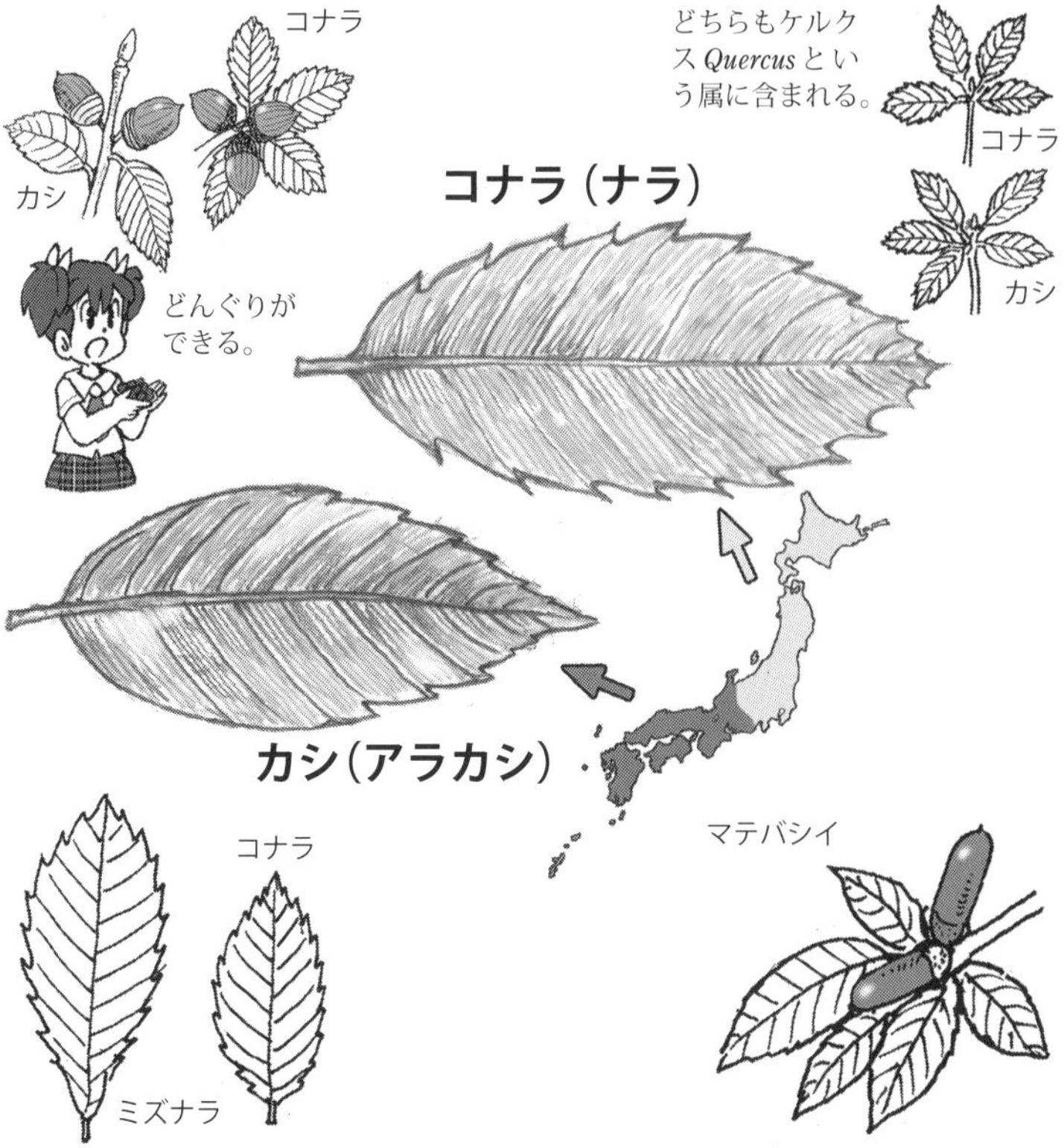
コナラ
カシ
どちらもケルクス *Quercus* という属に含まれる。
コナラ
コナラ（ナラ）
カシ
どんぐりができる。
カシ（アラカシ）
コナラ
マテバシイ
ミズナラ
コナラ（ナラ、ハハソ）とは、ミズナラ（オオナラ）に比較されてつけられた名前。
広い意味でのカシは、ケルクス以外にマテバシイ属やシイ属、クリ属も含まれる。

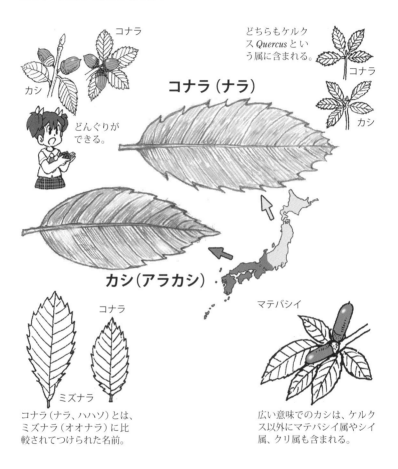

広がった。この1万年のあいだ日本列島では、これらふたつの環境が、気候の温暖の変化により、互いに広がったり、狭まったりを繰り返してきた。

縄文時代の終わり（3000〜2300年前）には、常緑広葉樹林は、関東はもちろん東北まで広がっていた。興味深いのは、この森の周辺の地層からは、たくさんの炭の粒が見つかることだ。これはどういうことかというと、この時代にすでに森のまわりでは、人びとが木（薪《まき》）を燃やして暮らしていたということなのだ。日本列島の縄文人は、すでに森の恵みを利用して生活していた。

●国境を超えたら外来だった

では、日本にとっての外来生物を考えてみよう。まわりを海に囲まれた日本は、となりの国と地面で接する国境がない。ヨーロッパやユーラシア大陸、南北アメリカ大陸にある国とは、だいぶ国境のイメージがちがう。「外来」とは、日本では外国から来たという意味だろう。つまり外来生物とは、国境を超えてやってきた生き物ということだ。しかし国境は人間の政治の問題で、自然の生き物にはまったく関係ない。生物には、人為的な国境より、海や高い山や、大きな川など移動を制限する地形や、暑さ寒さなどの気候などが、住む場所（分布《ぶんぷ》）を決めている。生き物が住んでいる場所の縁《へり》が、その生き物にとっての国境みたいなものだ。だから人間の国境と、生物の分布はまったく関係がない。ただ日本の場合、先にも述べたように国の領土が列島という地形であるため、ほぼ地形と国境が同じという、むしろ例外的な存在になっているのだ。

同じように地形と国境が一致しているのはオーストラリアで、牧畜を保護するためや、この地に固有の生き物が多いことから動植物の輸入には古くから制限をかけてきた（検疫法／１９０８）。ニュージーランドも現在は動植物の持ち込みに厳しい国だが、それはすでに世界中から動物（日本のシカもいる）や植物（キウイは中国のマタタビの一種）をさんざん移植したうえでの措置である。この国では今では数少なくなってしまった「在来種」が、ことのほか大切にされている。

それ以外の、外来生物に制限をかける法律を以下に概観してみる。

アメリカはユリシーズ・グラント大統領（１８２２—８５）が１８７２年（明治５年）に世界で初めてイエローストーン国立公園を制定し、各州も生物を保護する条例を作った。１９００年（明治33年）には密猟された野生生物を州をまたいで移動させることを禁ずるレイシー法が制定される。さらに２００８年（平成20年）には外来種を含む有害な生物の輸出入を禁止する改正レイシー法ができた。イギリスは外来動植物の自然界への導入禁止（野生生物及び新生物法／1993）、ドイツは侵略的外来生物を監視し防除、ただし農林業、狩猟、漁業に有用な動植物は除外する（連邦自然保護法／1976）、フランスは侵入外来種（リストあり）の導入の禁止、水生動物の無許可導入の禁止（環境法／1983）、日本は外来生物法で特定外来生物の輸入の原則禁止、未判定外来生物の輸入の制限（外来生物法／2005〈平成17年〉）というものだ。

各国の法律の施行年からもわかるように、外来種が「問題」になってきたのは、ここ30〜40年のことだ。では、それ以前にそれぞれの国に外来生物がいなかったかというと、もちろんそんなことはない。人間が生き物を世界中に移動させてきた歴史は、有史以前にまでさかのぼる。外来生物が存在することと、それを問題とするようになったこととは、時代的に大きな温度差と時間差があるのだ。

◉まず帰化生物がいた

ウメやタケ（モウソウチク）は江戸時代に、中国や朝鮮半島から持ち込まれた外来種だ。「松竹梅《しょうちくばい》」という言葉で親しまれているように、すっかり日本文化の一部だろう。そして

松竹梅は支那の「歳寒三友《さいかんさんゆう》」に由来する。冬でも竹や松は緑を保ち、梅は春に咲く。それぞれ自然の中で節度をもった友だという意味。うなぎ屋の献立でも有名。

外来生物を厳密に考えると、定義が難しい。

松竹梅の文様

日の丸弁当の梅干しも外来種ということになる。そうえいば、お米（イネ）もそもそも大陸起源か。

松が最上級、次いで竹、梅とされるが、逆に梅を最上級とする場合もある。

江戸時代が終わり、鎖国が解かれると、日本は世界中、特にヨーロッパやアメリカとの交流がさかんになる。

そのころの日本の学者や役人の中には、海外から暮らしに役立つ生き物を日本に移植しようと考え、それを実行していた人たちがいた。先に触れたマングースの渡瀬庄三郎博士もその一人だ。このような経緯《けいい》で外国から持ち込まれた生き物は、当時は帰化生物《きかせいぶつ》と呼ばれていた。「帰化」とは、日本に定住して(役に立って)ほしいという願いのこもった言葉だ(「帰化」が人にも使われる言葉のため、生き物については最近使われなくなってきた)。日本にたくさんの帰化生物が持ち込まれた時代には、そんなことをしたら日本固有の自然が壊れてしまう、などと言う人はいなかった。

当時の帰化生物の管理は、自然と切り離された牧場や養殖池などで人間が世話をする「飼養《しよう》」や「養殖」ではなく、自然に放って自分で餌《えさ》をとり殖えてもらう「放獣《ほうじゅう》」や「放流」であった。ウシガエルやアメリカザリガニ、ラージマウスバス(ブラックバス)は個人の商売なので限られた空間での養殖だったが、前後してアメリカから持ち込まれた別種のザリガニは、国の機関が自然に放つ目的で持ち込まれた。カエルの餌となるアメリカザリガニとは違い、人間の食用が目的である。当時の農林省水産局が「優良水族移植事業」

淡海湖に定着したためタンカイザリガニとも呼ばれた。

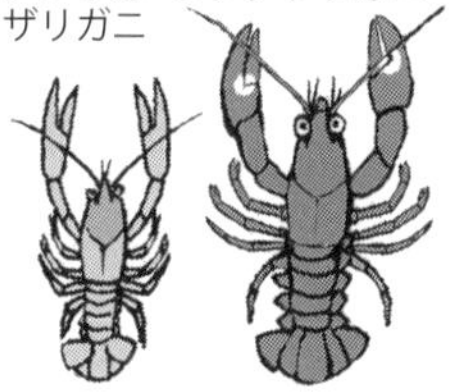

アメリカザリガニより大きく、食べるところも多い。

ウチダザリガニ

（今はタンカイザリガニも同種とされる）

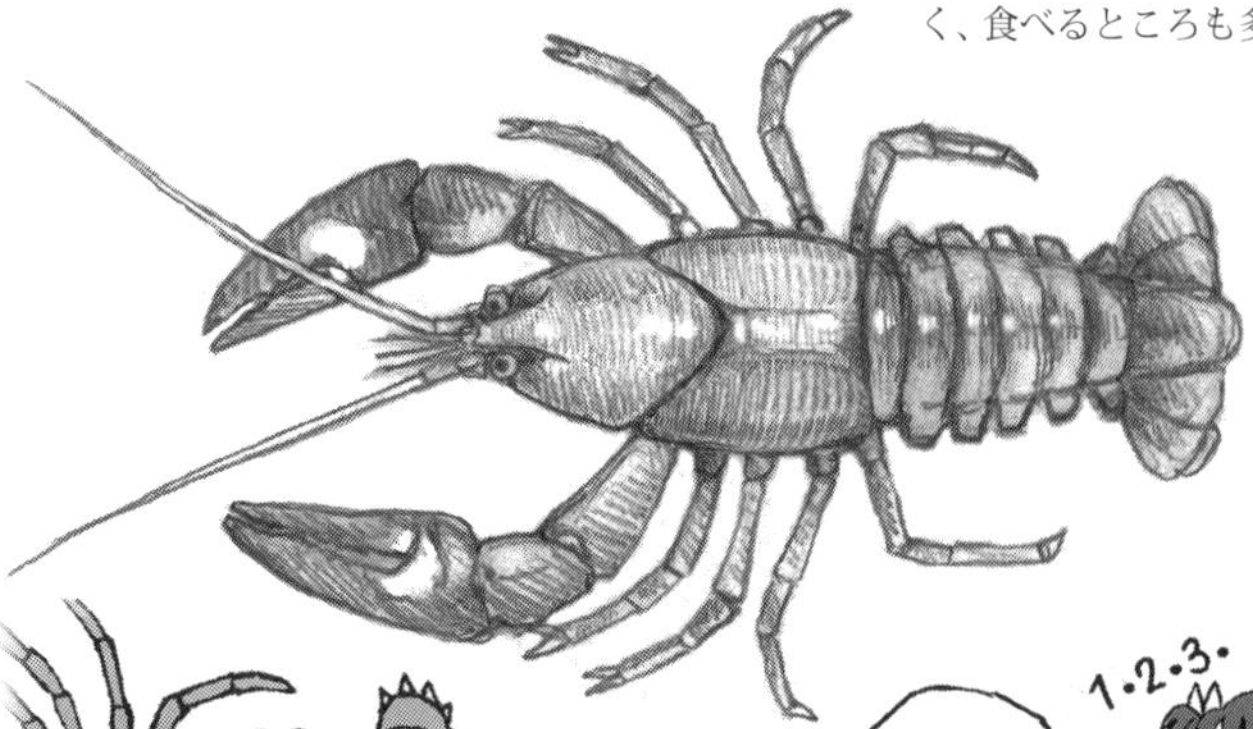

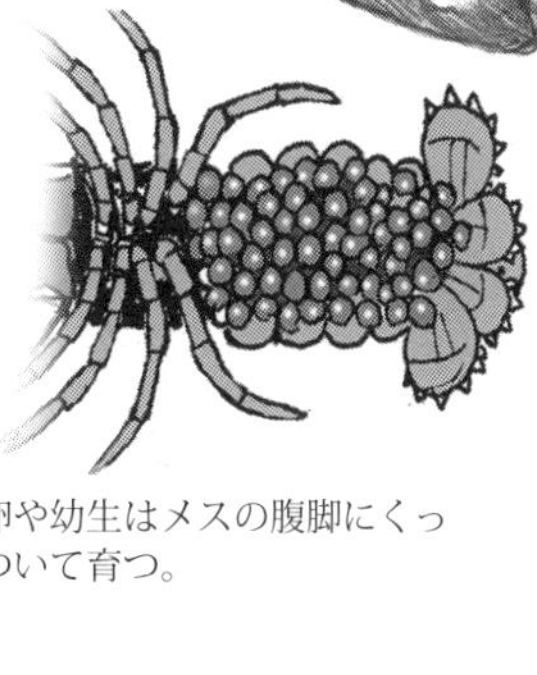

卵や幼生はメスの腹脚にくっついて育つ。

脚が10本あるので十脚目《じっきゃくもく》と呼ばれる仲間。

として、オレゴン州からウチダザリガニ（タンカイザリガニも今では同種とされる）を１９２６年（昭和元年）から３０年（昭和5年）にかけて5回輸入している。そのウチダザリガニは一都一道一府二一県の水産試験場に分譲され、琵琶湖近くの淡海湖《たんかいこ》をはじめ、北海道の摩周湖ほか、各地に放流された。

これなども日常ザリガニを食べる習慣のない日本人が、西洋料理に憧《あこが》れて始めたことだろう。日本でもっとも広く、歴史的にも４４０万年と古く、貴重な環境だといわれる琵琶湖ですら明治から昭和にかけて数多くの外来の魚が当時の公的機関によって持ち込まれている。

時代は少し新しくなるが１９６３年（昭和38年）には、淡水真珠を作るイケチョウガイ養殖のため、その貝の幼生の寄生先としてブルーギルが水産試験場に持ち込まれた。網は二重になっていて逃げられないとされていたが、１９７７年（昭和52年）には琵琶湖へブルーギルの定着が明らかになっている。数が少なくなっていたイケチョウガイの代わりに当時から中国産のヒレイケチョウガイが持ち込まれ、これらの雑種が真珠養殖に用いられていたという。これらの事実だけでも当時の自然に対する考え方が推察できる。ラージマウスバス（ブラックバス）についてはのちほど触れる（→129頁）。

ルアー釣りで人気を集めた。

ブラックバスは1925年（大正14年）にアメリカから神奈川県の芦ノ湖へ放流されたのが最初。正式な名はラージマウスバス。

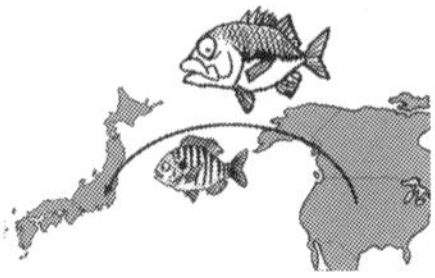

ブラックバス

ブルーギル

ブラックバスもブルーギルも海にいるスズキの仲間で骨が少なくて美味しい魚よ。

エラ蓋《ギル》の上が青くなるのでブルーギルよ

◉生き物を移動させるという考えの始まり

１８７１年（明治4年）、アメリカは、「有用または興味深いと思われるような外国の動物や野菜の品種」をヨーロッパから導入しようと、アメリカ順化協会を自国に設立した。これはイギリスから独立して約１００年後のことであった。

そもそもこの順化協会とは、フランス国立自然史博物館教授で博物学者のイジドール・ジョフロワ・サン＝ティレール（１８０５―６１）によって１８５４年、パリに設立されたパリ順化協会が起源である。サン＝ティレールは１８４９年に「順化と便利な動物の家畜化」を発表し、フランスに外国から有用な動物を導入していた。この運動が世界中に広がっていったのである。

ニューヨークに住む薬剤師でアマチュアの鳥類研究者でもあったユージン・シーフリン（１８２７―１９０６）は、１８７７年（明治10年）にアメリカ順化協会の会長になった。文学の愛好家でもあった彼は、シェイクスピアの作品に出てくる鳥をすべてイギリスからニューヨークに移住させようと考えた（シェイクスピアは６００種の鳥について書いているという）。『ヘンリー四世』の第一部に出てくるホシムクドリ（ヨーロッパム

その大群は空が暗くなるほど
数が多い。

日本でも大きな群
れを作るムクドリ
の仲間。

ホシムクドリはなんでも食べる雑食性。

実は『ヘンリー四世』で触れられてい
るのは一箇所だけ。

クドリ）は、ニューヨークのセントラルパークで1890年（明治23年）と1891年に数百羽が放され、1950年代には全米はもとより、カナダやメキシコにまで広がった。当初はルリツグミなどを追いやった悪者とされ、今でも「世界の侵略的外来種ワースト100」に挙げられているが、最近のコーネル大学鳥類学研究所の研究によると「ムクドリのために直接衰退したのはシルスイキツツキ（キツツキの仲間）だけで、ほかの種《しゅ》は侵入者に対して安定した個体数を維持している」ということだ。

日本でも皇居の天皇陛下（当時の昭和天皇）にクマゼミの声を聞かせたいと、関西のタクシー運転士がクマゼミを東京に持ち込んでいたことがあった。クマゼミはもともと伊豆以西にしか分布《ぶんぷ》していなかった。現在では、植木の根について幼虫が移動したのか、温暖化の影響なのか、東京にもクマゼミが定着しはじめている。

●自然の分布とそうでない分布

生き物が暮らしている地域（地理的な配置）を「分布《ぶんぷ》」という。特にもともと自然状態で分布していた地域は「自然分布」、人の手によって移動された地域は「人為《じんい》分布」という。

地球をぐるぐる飛びまわる渡り鳥や大海原《おおうなばら》を広く回遊する生き物がいないわけではな

いが、多くの生き物は、それぞれの分布域の中で止《とど》まっていたり、チャンスがあれば分布を広げたりしている。人間の国境とは違い、生き物の分布域は流動的なものだ。

川の生き物などは、河川工事などで流程の変化や障害物が失われたりすることがあると同じ水系《すいけい》内に分布が広がる例もある。これなどは人為分布なのか、自然分布なのか判断の難しいところだ。生き物に言わせれば、川に新しい通り道ができたので、分布を広げたのだから「自然分布」だよ、と答えるだろう。

いずれにしても気候が変わったり、地形が変わったり、その生き物固有の事情（餌《えさ》の減少や天敵《てんてき》の増加など）があれば、分布は限界まで狭まり、極端には絶滅することもある。それでも少し離れたところに同じ種が分布していれば、その空白を見つけて移住し、分布が戻ることも、もちろんある。生き物は、自然の状態でも分布を広げたり、狭めたりしながら生きてきた。しかし地球上なら、どこにでもいる生き物は、あまりいなかった。

●どこにでもいる生き物コスモポリタン

地球上どこにでもいる生き物は人間（ヒト）だ。そして犬や猫、牛や馬などの家畜も人間が連れて世界中に広がった。家畜は役に立つからと、人間がいわばお願いして付いてきてもらった生き物だ。いっぽう人間の移動に「こっそり」同行したネズミやゴキブリなどもいる。これらは随伴種《ずいはんしゅ》と呼ばれ、地球上のあちこちに人間が建てた家の中でぬくぬく暮らしている。人間が招待したわけではないけれど、生き物は常にチャンスをうかがっているから、このように意図しない同行者が出てくる。最近は非意図的外来種などというなんだか無責任な（？）呼び方もあるらしい。

つまり、人とともに世界中に広がった生き物には、人間に頼まれた家畜と、自主的にチャンスを活かしたものの、ふたつの系統があるということだ。そしてこれら2系統の生き物は、Cosmopolitan《コスモポリタン》（汎存種《はんぞんしゅ》）と呼ばれている。コスモポリタンは、多くの場合それと気づかれていないが、その地域にとっての外来種になる。ミドリガメ（ミシシッピアカミミガメ）もコスモポリタンの一種になってしまったが、ヨーロッパ連合（EU）は輸入禁止（カミツキガメはオーケー）、シンガポールはすべての生き物が輸入禁止だが唯一の例外としてミドリガメは認められている。

●野菜という外来種

動物の例でコスモポリタンの話をしてきたが植物になると、もっとわかりやすいかもしれない。まず野菜。人間は長い年月にわたり生き物を利用して暮らしてきた。その最たるものは穀物や野菜だろう。穀物や野菜は、「野草」を食べやすく、栽培しやすいようにするために、生物進化の性質を利用（選抜と交配）して、人間が長い時間をかけて改良してきた品種《ひんしゅ》だ。

たとえば今、八百屋で売られているキャベツは、もともとギリシアの海沿いの崖に生えていた草だった。やがてその菜《な》っ葉《ぱ》のような草に、葉の表と裏の生長速度が違う性質が現れ、丸まる（結球《けっきゅう》する）ようになってキャベツとなった。また花芽《かが》が大きくなったものはブロッコリーやカリフラワーになり、またケールやコールラビになったものもある。いずれも世界中で栽培されて、食べられている野菜で、つまり外来種である。

キャベツが日本にやってきたのは１８７１年（明治４年）頃だ。米（イネ）は弥生時代（紀元前11～５世紀頃）だから、それに比べるとかなり新しい時代になる。キャベツも、そのほかの多くの野菜も明治時代に鎖国がとけ、外国と交流が深まり、人間の役に立つ帰化生物が持ち込まれるという一連の動きのなかで日本に持ち込まれた。特に大東亜戦争（１９４１〈昭和16〉―１９４５年〈昭和20年〉）をピークに動物ならば毛皮が利用できるもの、美味しいもの、悪いやつをやっつけるもの、きれいなものなどが持ち込まれた。なかには、その期待とは違った生き物もいた。いや、その「期待」とは、人間の勝手な思い込みで、連れて来られた生き物に罪はない。ザリガニやマングースなどについては、すでに述べた（↓27・38・56頁）。

明治時代に、帰化生物という言葉はできたけれど、在来生物という言葉はまだ使われていなかった。もっと正確に言えば、農業や畜産などで改良品種を作るための原種《げんしゅ》という意味で「在来種」という言い方はされていた。しかしこれは新しい品種を作るための基準としての原種（野生種）を指す言葉で、帰化種（外来種）の反対語としての在来種という意味ではなかった。

●「外来種」の始まり

外来種が本格的に論じられるようになったのは、1927年（昭和2年）に『動物の生態学』を著し、現代の生態学を確立させたとされるイギリスの動物生態学者チャールズ・サザーランド・エルトン（1900―91）によってだった。さらに1958年（昭和33年）、エルトンは『侵略の生態学』を出版し、外来生物が自然に与える影響と自然保護を論じた。これはBBCラジオで放送された番組「平衡《バランス》と障壁《バリアー》」を本にまとめたもので、一キャベツが丸まる理由。

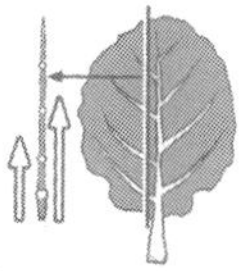

①葉の裏は早く、表は遅く成長する。

②表裏の成長の差で葉が丸まる。

③次々に葉が丸まり結球する。

キャベツの原種

原種はギリシアの海沿いの崖に生えていたナズナのような草だった。

どれも共通の祖先とされる野菜。

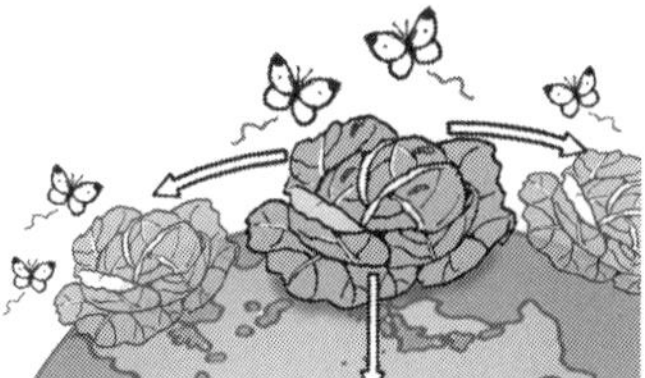

モンシロチョウは、幼虫の餌のキャベツといっしょに世界中へ広がった。

般受けしそうな「侵略者」だとか「生態学的爆発《エクスプロージョン》」など、科学者が使う言葉としてはおおげさな表現があった。

この『侵略の生態学』（思索社）は、1971年（昭和46年）に京都大学の生態学者川那《かわな》部浩哉《べひろや》（1932―）らによって翻訳され、多くの人に読まれた。さらにこの本の翻訳者（川那部）らによって、日本の自然について『日本の淡水生物―侵略と撹乱の生態学』川合禎次・川那部浩哉・水野信彦編（東海大学出版会／1980）や『日本の海洋生物―侵略と撹乱の生態学』沖山宗雄・鈴木克美編（東海大学出版会／1985）という本が出版された。これらの本も多くの人に読まれ、外来生物が「侵略」するというイメージや、在来種であっても自然分布以外の地域に移動させれば「国内外来種」になるという考えが日本に「定着」していった。もちろん、この生物が生態系を侵略するという見方に水口憲《みずぐちけん》哉《や》（1941―）のように異議を唱える水産学者もいた。

●ニッチを侵略する

エルトンの理論は、生態系という複数の生物が暮らす空間には、生態的地位「ニッチ」（ニーシェ）ecological nicheというものがあり、それぞれの種《しゅ》はきちんとそこに収まっているという考え方だ。もともとはアメリカの動物学者ジョセフ・グリネル（1877—1939）が自然の中で生物も非生物も問わず独自の役割を果たしている（生態系を支えている）存在をこう呼んだ。

エルトンはこの考えを再定義して、何種かの生き物が、ある空間の自然で暮らしているとき、そこに生き物が存在するための必要な3つの要素があると分析した。それらは、①食べ物・栄養類・光（植物では特に……）・巣を作る場所など（これらはまとめて「資源」と呼ばれる）や、②天敵や競合者（同じ資源を取り合う他の生き物）などの存在、そして③気候の3つである。そのうえで、生き物には1種ごとに①②③の条件が折り合った条件が1つずつあると考えたのだ。エルトンは、これら自然の条件を「ニッチ」と名付けて、種は自然の中で資源をめぐって競争していると考えた。

もともとニッチとは、教会の壁に穿《うが》たれた聖人が収められた凹《くぼ》み、壁龕《へきがん》のことを指した。教会の壁には、決まった位置の凹みに、決まった聖人《せいじん》の像が収まっている。ニッチとはラテン語のnidus〔巣〕が語源だ。それぞれの種は自然の中で、自分が生きやすい条件を満たしたニッチに収まっていると考えたのである。そしてエルトンはなぜニッチが生じるのかというしくみについては、生物の共進化《きょうしんか》という考えに基づいて推論している。

種《しゅ》と種は、長い年月をかけて互いに競争したり譲り合ったりしながら、自然の中で自分のニッチを得た、という理屈だ。これは今も日本では正統とされる生態系のとらえ方だ（詳しくは後述。本書はその正統に疑問を唱えることが主題だ→146頁）。

エルトンの考えでは、生態系は完成されたものだから、外来種が新しい自然に定着するためには「ほかの種のニッチを奪う」という考え方になる。また在来種が外来種に「負けて」しまうのは、在来種が、新顔の外来種に対して進化の過程で防御する手段を発達させる機会がなかった（共進化《きょうしんか》の関係になかった）からだと説明する。エルトンのこの考え方が、生態学の主流になるのは約40年後の1970年代になってからのことだった。

●定着できるもの、できないもの

人間が木を切ったり、水を汚したり、土をコンクリートにしたりして、そこの自然に100種いた生き物が10種に減ってしまったとする。これは生き残った種が利用できるニッチの数が増えたということで、外来生物でも在来生物でも、その条件を上手に利用して急激に数を増やすことができそうだ。そこには長い歴史をともにする共進化は作用しそうにない。

生き物の殖えすぎは、その自然にとってもいろいろ困った問題を引き起こす。また殖えた生き物自身にとっても、同じ資源を利用する「同種」が増えるために、あまり良いことではないだろう。だから一時的に殖えてもやがて数を減らして一定の水準に落ち着くことが多い。外来生物が増えるとすぐに大騒ぎになるのだが、その前に、本当に数が増えているかを見極める必要がある。往々にして、マスコミの報道で急に注目を集めるようになっただけとか、人間が自然を改変してしまったとき、外来生物だけがタイミングよく生き残っただけだとか、いろいろな面から冷静に判断する必要がある。外来種が人間の罪をかぶらされていることもあるのだ。

忘れてはいけないことは、単純になってしまった自然では、在来種だって「どかっ」と殖えて困った問題を起こすことがあるということだ。チャールズ・ダーウィン（1809－82）も言っているように、そもそも生き物は生き残る以上に子を産む。その時点で生き残るチャンスが多ければ、大発生することになる。この点については、在来だろうが、外来だろうが関係ない。生き物というものは、そういうものなのである。例を挙げれば、シカの殖えすぎの話などが身近な問題だろう。この30年で7倍（北海道を除く）、イノシシは3倍に増えている。ここでは深入りしないが、興味があったら調べてみてほしい。

繰り返しになるが生き物は、在来種だろうが外来種だろうが、チャンスがあれば新しい環境の中で仲間を殖やしていこうとする。そして自然の中にその生き物が必要とする餌《えさ》や天敵の有無や気候などに恵まれれば、どんどん殖える。そうでなければ、いつのまにか姿を消してしまう。生き物とはそういう存在で、在来種も外来種も関係ない。

●帰化生物のその後

マングースやウチダザリガニの導入には、当時の動物学の権威や国の役所の指導があった。

新しくはブルーギルの場合で、１９６０年（昭和35年）当時の明仁親王（現上皇陛下）がアメリカのシカゴにあるシェッド水族館で市長から贈られた魚が水産庁淡水養殖研究所（当時）に引き継がれたものだった。その後、２００７年（平成19年）11月に滋賀県琵琶湖で開催された第27回全国豊かな海づくり大会で、平成天皇（現上皇陛下）は「外来魚やカワウの異常繁殖などにより、琵琶湖の漁獲量は、大きく減ってきています。外来魚の中のブルーギルは50年ちかく前、私が米国より持ち帰り、水産庁の研究所に寄贈したものであり、当初、食用魚として期待が大きく、養殖が開始されましたが、今、このような結果になったことに心を痛めています」と述べられた。また「おいしく食べられる魚と思いますので」とも付け加えられている。

ウシガエルもアメリカザリガニも日本にやってきて１００年後の現在も日本の自然の中で暮らしている。それは生物として彼らが日本の自然にたまたま適応できたからである。アメリカザリガニについて言えば、水辺で子供たちの遊び相手になり「自然教育」に役立ってきた。それが今度は法律で制限される存在になってしまった。

アメリカザリガニが指定された条件付特定外来生物とは、基本的に特定外来生物なので輸入、放流や販売は禁止であるが、採集して飼育するのは可能という「条件」がついた指定だ。採集してその場で放流すれば問題ないが、一度飼育したあとに放流すれば外来生物法の取り締まりの対象になる。一度、家に持ち帰ったら最後まで大切に飼う義務が生じるということだ。

◉第3章 実は、どこにもない手つかずの自然

●そもそも生態系は壊れない

生態系とは、自然をひとつの相互作用つまり系《けい》（システム）として整理しようという考え方だ。自然を、生き物だけではなく、物質やエネルギーまで含めた循環としてとらえようとしている。経済を英語でエコノミクスeconomicsというが、生態系は英語でエコシステムecosystemという。どちらにもついている「エコ」とはギリシア語で「家」を意味するオイコスoikosが起源の言葉だ。つまり経済は「家の収支」、生態系は「自然（の体系）の収支」という感じになるだろうか。

生態系は、その内部で、生物はエネルギーや無機物を利用しながら、相互に関係しあって存在する。だから少しずつ変化することはあるけれど「壊れたり」、「なくなったり」はしない。ましてや常に同じ状態であるということもない。だから「理想の生態系」や「本

常に変化する生態系

生態系は、太陽の光や土の中の栄養など生き物以外の循環も含んだ動的な「系」。

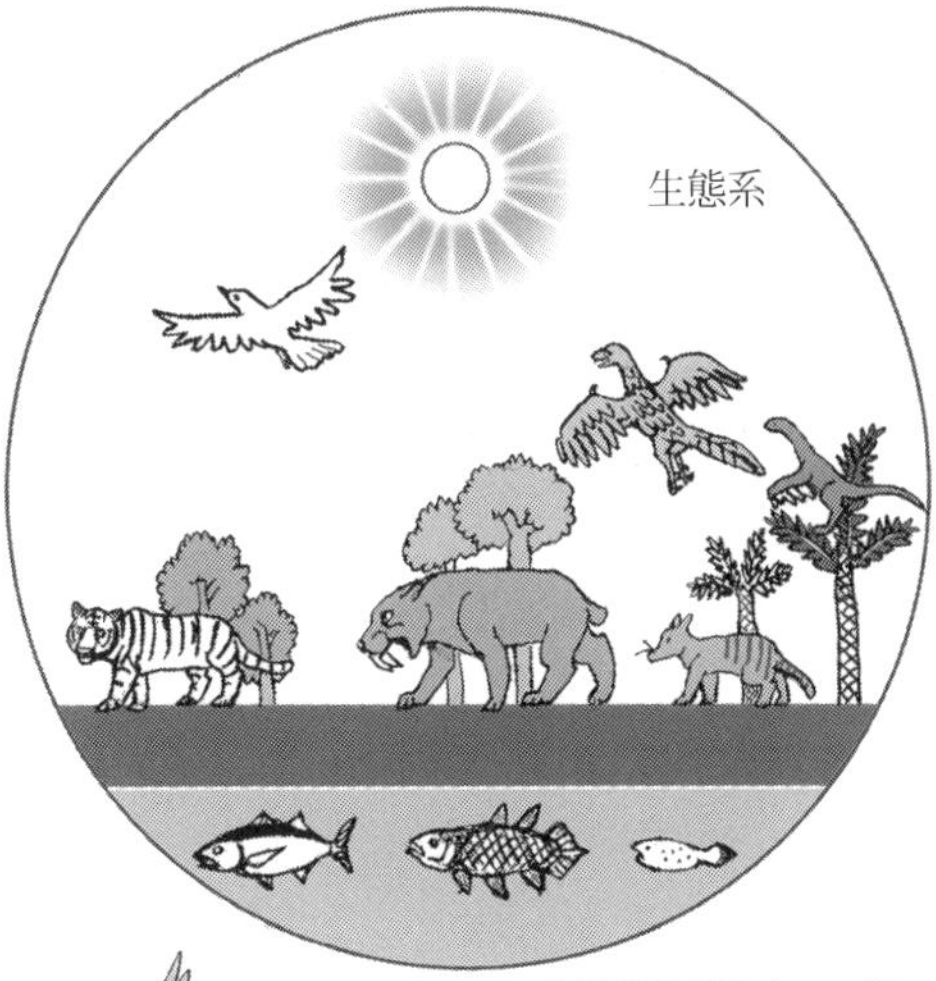

生態系は壊れない。時間をかけて変化するだけである。

強いものでも子供のころには弱い。子は生き残る以上に生まれる。

植物が生産者で、それを食べる動物（一次消費者／ヒツジ）、さらにそれを食べる動物（二次消費者／クマ）。生態系の頂点にいる二次消費者でも死ねば分解者の食物になる。

来の生態系」は幻想である。生態系は種《しゅ》（個体）と環境、種と種の相互作用による動的な存在なのだ。生き物同士の関係でいうと「食物のピラミッド」とか「食物連鎖《しょくもつれんさ》」など、生き物の「食べる――食べられる」関係について聞いたことがあるだろう。でも、「食べる側」の一族だって小さいころは「食べられる側」に食べられたりする。ものごとはそんなに単純ではない。生き物の「食べる――食べられる」関係は、単純で直線的なものではなく、部分的に行ったり戻ったりするもの、立体的な網状《あみじょう》の関係、食物網《しょくもつもう》（フードウェッブ）だと考えられている。

生き物が生きていくために直面している問題は食べ物だけではない。子を育てる場所（巣など）や、暑さ寒さをしのぐ場所、日常かくれて休む場所など、さまざまな空間が必要だ。植物なら、太陽の光をより多く浴びたい。ほかの植物の陰にならないよう、いちはやく早春に生長したり、高い木の上に寄生して光をたくさん浴びるものが出てくる。それらの「資源」（この例では光が浴びられる空間）は、生態系の中では限られたものが多いので、生き物はそれぞれくふうした生き方を「開発」している。

動きの速いもの、力の強いもの、体の大きなもの（逆に小さなもの）、それぞれ生き物特有の能力が、同じ生態系の中にいる他の生き物との関係を作る。うまくいけば共存し、

食物連鎖と食物網

生き物の関係は
ピラミッド状より
複雑になった
網の目状なのね

生き物の食べる、食べられる関係は、ピラミッド状の段階（食物連鎖）がある。しかし実際には食物連鎖のような直線的な関係ではなく、細かく揺れ動く網の目状（食物網）である。

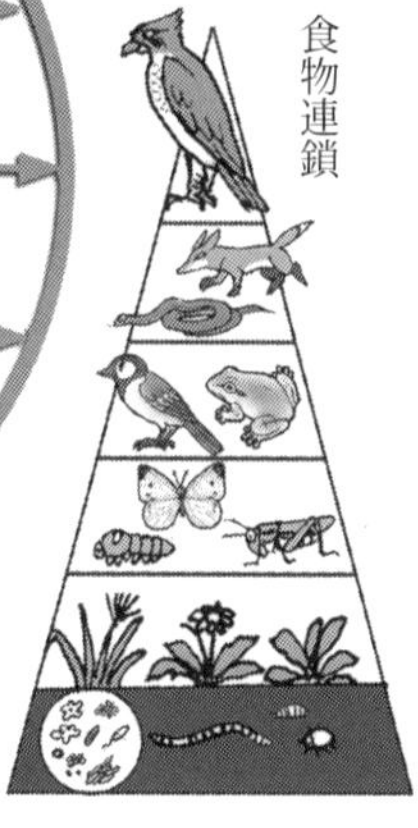

パク

魚も小さいときはエビに食べられる。

親同士なら魚がエビを食べる。

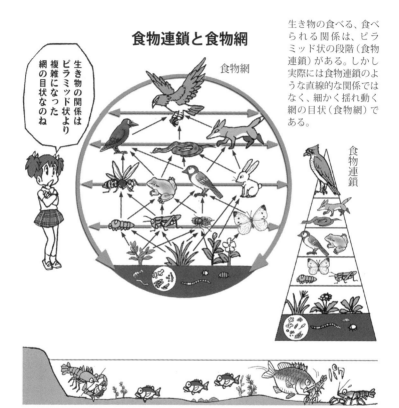

優劣ができれば片方は繁栄し、片方は姿を消すかもしれない。それがダーウィンのいうところの適者生存だ。個体の生き残りという小さな結果の積み重ねがすべてなのである。

●森は遷移するのか

アメリカの植物学者フレデリック・クレメンツ（1874―1945）は、世界の気候帯の中で、植物はそれぞれ特徴的な群落を形成し、それが先駆種《パイオニア》から優占種《ドミナント》、そして平衡的な極相《クライマックス》に段階的に到達するのだと考えた。そしてこのような群落の変化を遷移《せんい》と名付けた。そのため極相林になった群落（森）は、災害や森林伐採《ばっさい》などで破壊されると、複数の植物（群落）が遷移しながら再び極相に戻っていくと考えたのである。このクレメンツの考えは長く生態学の教科書に載っていたので有名な話だろう。

いっぽうアメリカの植物学者ヘンリー・アラン・グリーソン（1882―1975）は、クレメンツの説に対して植物は気候帯ごとに植物群落が形成されているのではなく、たまたま似たような環境に生きる種《しゅ》（個体）が生育しているだけで、それぞれの種が協調的になったり排他的になったりして「遷移」していくと考えるのは想像の産物であると唱えた。植物の群落が「遷移」によって成立しているのか、それとも種の個体によってラ

植物は極相に向かう？
植物群落は規則正しく極相（クライマックス）に向かって変化していく。

本当に森は遷移していくのだろうか？

ヘンリー・アラン・グリーソン

グリーソンは、このクレメンツの考えに疑問を唱えた。

日本の雑木林は人が木を伐採しているので明るくて下草も生えている。

ンダムに成り立っているのか、それはまた最後に考えてみたい（↓149頁）。

●理想の自然「里山」？

日本のふるさとの景色だなあ、日本の田舎《いなか》の風景だなあ、と思い浮かべるイメージは里山《さとやま》だろうか。集落があって、水田が広がり、裏山には雑木林《ぞうきばやし》が広がり、その先に地元の自然の森が繋がっている。そんな風景を「自然」だと考える人は多い。

今から70〜80年前、ご飯を炊いたり、お風呂をわかすのには薪《まき》を使っていた。家で使うエネルギーは、電気やガスではなかった。そのため薪を採るための雑木林が集落の近くにあった。農家の近くにあるので里山林《さとやまりん》とも呼ばれ、利用の目的からは薪炭林《しんたんりん》とも呼ばれた。

定期的に木を伐り、下草を刈って、林全体を手入れしていたため雑木林は一定の状態に維持されてきた。林や森は、放っておくとどんどん木の密度が高くなっていく。そのため雑木林のような明るい林ではなく、太陽の光が入りにくい内部が暗い森に変化していく。自然が常に同じような状態で止《とど》まり続けることは、自然ではあまりない。

最初は、ただの開けた地面（実際には台風や大水《おおみず》のあとなど）に、草（一年草）が生え、やがて多年草、そして落葉樹が生え、常緑樹が生えるという変化だ。最後には北海道ならエゾマツやトドマツの針葉樹林、東日本ならブナやコナラなどの落葉広葉樹林、西日本ならシイやカシなど常緑広葉樹林（照葉樹林《しょうようじゅりん》）が広がる。

人の手が入り木が伐採《ばっさい》されたり、洪水や台風や地崩れなどで林の一部の木が倒れたり流されると、そこに光りが差し込む新しい更地《さらち》（ギャップ）が出現する。そこに、これまで暗くて芽を出す場所を見つけられなかった植物が育ちだし、新しい環境を作りはじめる。自然は常にこうやって小さな変化を繰り返しながら、移り変わっていく。それがクレメンツの言うところの遷移《せんい》かどうかは別としてだ。

逆に言えば、いつも同じ状態に林を保ち続けるためには、絶えず人が管理する必要がある、ということだ。しかし各家庭で電気やガスが使えるようになると、里山《さとやま》の木を薪《まき》として利用することもなくなってしまった。薪を燃やした灰を畑の肥料にする代わりに化学肥料も手に入るようになった。人びとの暮らしに雑木林は必要なくなってしまったのだ。手入れが滞れば、やがて林は荒れ果てていく（自然の林に戻っていく、ということでもある）。

◉里山という「発明」

1970年(昭和45年)くらいから森林生態学者の四手井綱英《しでいつなひで》(1911―2009)が、もともと地域の地理区分や、農用林の区分であった「里山《さとやま》」という言葉を、社会文化的に人がかかわりをもつ存在として意識的に使うようになった。1960年代には、すでに「里山」は農用林として使われておらず、住宅を建てるなど再開発の対象になっていた。四手井はそれに対し、広く自然を守るため、人工的な自然である雑木林《ぞうきばやし》(二次的自然《にじてきしぜん》=半自然)の大切さを強調し、「里山」という言葉に新しい意味を与えた。

さらに植物生態学者の守山弘《もりやまひろし》(1938―)は『自然を守るとはどういうことか』(1988)という本で、里山にある雑木林は、人間が手を入れた自然であることをふまえ、その重要性を訴え、手つかずの自然でなくとも守るべき自然があると主張した。

その論旨は、雑木林は数十年に一度伐採され、木は薪に使われ、燃やされた灰は肥料として使われる。林の下(林床《りんしょう》)は下草を刈り取って管理しているので、陽を好むスミレやカンアオイなど背が低く、ほかの環境では生育できない植物の避難場所になってきた。雑木林の林内には、シイやカシの芽生《めばえ》が多く、雑木林の下草の刈り取りをしないと、こ

水田

水田も半自然。

雑木林

雑木林も半自然。

日本の里山
日本の里山って人間が作った半自然だったのね

日本には、水田 ── 雑木林 ── 自然の森という連続がある。この連続はとても大切。

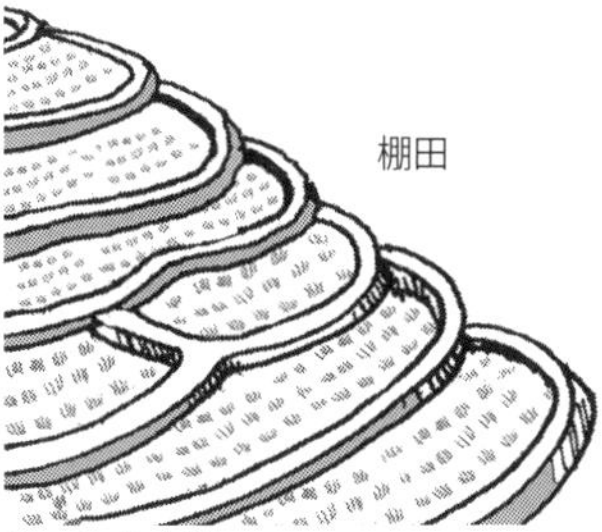
棚田

棚田も半自然。

ため池

ため池も半自然。

れらの常緑広葉樹が生長を始めて、雑木林は最終的に常緑広葉樹林に変わっていく。それを人間の手でくいとめて、特別な環境を維持しているのが里山《さとやま》の雑木林《ぞうきばやし》だ、というもの。雑木林は手つかずの自然ではないが、守るべき対象であると明言している。

日本の温暖な地域には、もともと照葉樹林《しょうようじゅりん》が広がっていた。それを縄文時代から人びとが切りひらいて雑木林を維持してきた。これは人間の管理によって二次的にできた林という意味で二次林、あるいは人間の働きかけによって別の植生になった林ということで代償植生《だいしょうしょくせい》と呼ばれている。つまり雑木林は、人間による「環境破壊」（改変？）によってできた半自然《はんしぜん》ということになる。手つかずの自然を守ろうという「原理主義」から見れば、雑木林は守る必要のない自然ということになる。しかし、人間が手を入れ常緑広葉樹林になることを、押し止《とど》めることで、林床《りんしょう》が明るいところでないと生きていけない植物（背の低いものなど）や、またその植物を必要とする昆虫（ギフチョウやカブトムシなど）や動物（タヌキやキツネなど）が縄文時代からずっと生き延びてきた。この雑木林がなくなってしまうと、これらの生き物は姿を消してしまう。人間の働きで維持されてきた半自然が、多くの生き物の住み場所になっていたのだ。

似たようなことは、水田や棚田《たなだ》にも言える。陽が差し込む明るい水辺は自然ではあま

ギフチョウ
カンアオイ

雑木林は手入れされた自然なのね

雑木林は光が差し込む林。

カンアオイが育たないと、ギフチョウの幼虫の食べ物はなくなる。

ギフチョウは里山の象徴。

ギフチョウは日本固有のアゲハで雑木林がないと生きていけないの

りない環境だ。稲作が始まり、水田が発達すると、これに目をつけたカエルやメダカ、昆虫たちが、たちまち水田を住み処《すか》にするようになった。これも人間が改変した半自然を、上手に利用することで生き延びてきた生き物なのである。

また日本の里山《さとやま》（半自然《はんしぜん》）の特徴は、水田――雑木林――自然の森という連続があることだ。東南アジアやニュージーランドの半自然は、水田――外来種の大規模な畑（ゴム、ヤシ、茶）――自然の森となっていて、中間にある大規模な外来種の「畑」に多様性がないため自然は単純化され、生き物が住めなくなる。その点から言っても日本の里山は良い意味で管理された生き物にやさしい自然だと言える。

しかし現在の日本のように里山が必要なくなると、関東あたりの雑木林は、常緑広葉樹林になっていく。この変化が始まったのは１９６０年（昭和35年）あたりからのことだ。もっとも使い道のないと考えられた雑木林は、常緑広葉樹林に変化するよりも先に、いち早くつぶされて家が建ちはじめることになったのだが。それでも辛うじて守られているのは神社の周辺に残されている鎮守の森で、これらの森は縄文時代から人為的に残されてきた自然だろう。

◉ボーイスカウトが夢見る自然

有史以前、自然は人類にとって怖い存在であり、かつ食べ物などの恵みを与えてくれる畏怖《いふ》すべき存在だった。中世ヨーロッパでは、自然と悪は、人びとの頭の中では、ほぼ同じものと考えられていた。

アメリカの思想家ラルフ・ウォルドー・エマーソン（1803―82）はハーバード神学校で牧師になるが、自由な信仰を求めて教会を追われてしまう。教会（清教徒・ピューリタン派／イギリスから新天地アメリカに移住した旧イギリス人の信仰）には、とても厳しい規律がある。エマーソンは1836年に『自然論』を著し、超絶主義を提唱した。

アメリカの思想家・博物学者ヘンリー・デイヴィッド・ソロー（1817―62）は、マサチューセッツ州のウォールデン池のほとりに小屋を建て2年2か月の自給自足生活を送った。この記録をまとめた著作『ウォールデン　森の生活』（1854）は、彼の代表作となった。ここでソローが述べた、自然と深く交わりながら人間が生きていく思想は、のちに多くの人に影響を与えた。日本では1911年（明治44年）に水島耕一郎《みずしまこういちろう》によって訳され、その後も新しい訳がいくつも出ている。アメリカをはじめとする環境保全運動のさきがけとして、今も愛読者が多い。ネイチャーライティング（自然を描写するノンフィクション）の始まりの本だとも言われる。

1830〜60年頃のアメリカのニューイングランドでは、エマーソンやソローらによってロマン主義・理想主義思想の影響を受けた超絶主義運動が起こる。これはキリスト教のユニテリアン派の考えで、当時のアメリカの主流であったキリスト教ピューリタン派が重要視する三位一体《さんみいったい》（父〈神〉と子〈キリスト〉と精霊は一体であるという考え）を否定し、神の単一性を強調した。やがてボストンにこの思想に共鳴する人たちが集まって「超絶クラブ」が設立されている。

この超絶主義とは、客観的な経験論よりも、主観的な直感を重視し、人間に内在する善と自然への信頼を重んじ、人間は独立独歩であると考えていた。

アメリカの博物学者で作家のジョン・ミューア（1838―1914〈生まれはスコットランド〉）は、シエラネバダの森林伐採《ばっさい》やダムの建設に反対し、人びとにシエラネバダの自然の大切さを説いてまわり、それに成功する。このミューアの自然を守ろうという運動が、のちにアメリカの国立公園設立にも繋がっていく。そしてミューアは、シエラ

池のほとりにソローが住んだ小屋が復元展示されている。

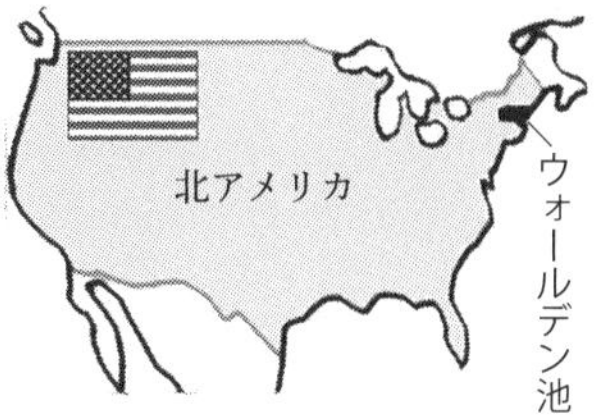

ソローの森の生活

『森の生活』はソローが都会を離れウォールデン池のほとりで暮らした日々を書いた小説。当時は森林伐採が進み、むしろ現在のほうが自然は豊かになっているという。

ヘンリー・デイヴィッド・ソロー

ネバダの自然を守ったことで「国立公園の父」、「荒野〈緑〉の預言者」と呼ばれるようになる。また「野生のために何かをし、山を喜ばせる」という主旨の自然保護団体シエラクラブの創立者ともなった（キャンプで使われるシエラカップはもともとクラブの会員証だった）。ミューアはその運動の過程で愛読していた『自然』を書いたエマーソンとも親交を結ぶことにもなった。

イギリス生まれの博物学者・作家であるアーネスト・トンプソン・シートン（１８６０－１９４６）は、移住したカナダでその自然を舞台に『動物記』を著した。シートンは先住民インディアンから荒野での暮らしや自然への考え方を学び、少年たちがキャンプしながら自然を学ぶウッドクラフト（森林生活法）を提唱し、実践した。その運動はのちのボーイスカウト設立に大きな影響を与えている。

アメリカの荒野《ウィルダネス》に共感し、自然とともにありたいという思想は、この時代から始まった。それは皮肉にも、イギリスから移民してきた白人がアメリカの先住民（インディアン）を迫害しつつあった時代、彼らから自然への知識を学ぶ人たちがいた、ということでもあったのだ。

シートンはもともと博物学者を目指し、絵を勉強していた。

『動物記』は55話からなる物語である。

「オオカミ王ロボ」は1962年にディズニーの実写映画になった。

シートンは話の最後が必ず動物の死になってしまうことに悩み、ハイイログマでは最後をぼかした。

◉英米文学への憧れ

日本の文学者の中にも、都会を離れ田舎に憧《あこが》れることが「おしゃれ」だと考えるインテリたちがいた。国木田独歩《くにきだどっぽ》（1871―1908）は、ツルゲーネフの『あいびき』の冒頭に叙景される落葉樹林の美しさに影響を受けて1898年（明治31年）に随筆『武蔵野《むさしの》』で「若《も》し武蔵野の林が楢の類《たぐい》でなく、松か何かであったら極めて平凡な変化に乏しい色彩一様なものとなって左《さ》まで珍重するに足らないだろう」と雑木林を褒《ほ》めている。また徳冨蘆花《とくとみろか》（1868―1927）は、トルストイの描く田園生活に憧れ世田谷で半農生活をおくり1913年（大正2年）『みゝずのたはこと《わ》』を書いた。世田谷にある蘆花公園は、蘆花の旧宅跡である。当時の世田谷は東京の郊外で、ここでの田舎《いなか》暮らしを楽しみ、銀座にはもう何日も行っていない、などと書いている。

小説家の上林 暁《かんばやしあかつき》（1902―80）は1948年（昭和23年）に東京のデパートで開催されていた「ニュー・イングランドの文豪展」を見た感想として以下のように書き残している。

「コンコードの河畔で、エマーソンやロングフェローやソローやホーソンやアルコッ

上林暁は、都内の公園にあるのどかな情景を書いている。

国木田独歩の『武蔵野』は、落葉する雑木林の美しさを讃えている。

広井辰太郎の動物愛護

日本の動物愛護は、家畜の扱いから始まった。町の中に牛馬給水槽を設置して、働く家畜への愛情を育んだ。

昔は農業も運搬も馬や牛が主力だった。家族同様、大切にされる家畜がいるいっぽう、酷い扱いを受ける牛馬もいた。

ト女史などの哲人詩人文人達が、自然を友として、清教徒的な生活を送りながら、思索や著作に耽つた名殘を傳へ《え》る數々の寫眞や文獻が陳列されてあつた。私はその寫眞を見てゐ《い》て、快い咽喉の渇きを覺えてならなかつた。川の光、森のそよぎ、簡素な書齋、それらは、私の憧れを煽つて止まなかつた。私はニュー・イングランドの文豪達に見習つて、森や野の風光に心を澄ませたくて、逸る心を抑へ《え》かねる氣持であつた」（『上林曉全集』第7巻「草深野」初出昭和24年「新潮」1月号）と書いている。この催しを見たことをきっかけにして、上林は自宅のある東京の阿佐ヶ谷から弁当を手に善福寺公園を訪ねている。

●日本の動物愛護

日本近代の動物愛護は、キリスト教の牧師広井《ひろい》辰太郎《たつたろう》（１８７６―１９５２）が家畜として使役されていた牛馬に適切に水や休息を与え、道義的に扱うよう「動物虐待防止会」（後の「動物愛護会」）を１９０２年（明治35年）に発足させたことが嚆矢《こうし》とされる。

現在では想像がつきにくいが、かつては農耕にも、交通や物の運搬にも、その動力には牛馬が使われていた。そのため広井らは、街頭に家畜のための水飲み場「牛馬給水槽」を設置し、後年は野犬収容所の改善などにも取り組んだ。

日本の教育者で農学者でもあった新渡戸稲造《にとべいなぞう》（１８６２―１９３３）は、イギリスの作家ウィーダ（１８３９―１９０８）の『フランダースの犬』などの動物文学が普及すれば日本に動物愛護を根付かせられると考えていた。

その精神を引き継いだ在野の動物学者・小説家の平岩米吉《ひらいわよねきち》（１８９８―１９８６）は１９３６年（昭和11年）に動物文学会を設立する。そして海外の動物文学を紹介する『動物文学』の刊行を始めた。ここに『子鹿物語（バンビ）』（オーストリアの作家フェーリクス・ザルデン〈１８６９―１９４５〉）や『動物記』（シートン）などが翻訳され掲載された。この動物文学会は、戸川幸夫《とがわゆきお》、藤原英司《ふじわらえいじ》、中西悟堂《なかにしごどう》などを輩出している。

●沈黙の春

ある一冊の本が、生態系における栄養段階《えいようだんかい》（生産者・第一消費者・第二次消費者・分解者）という関係（→77頁参照）を一般の人に理解させ、自然保護への関心を高める大きなきっかけをつくった。それは１９６２年（昭和37年）にアメリカの水産生物学者レイチェル・カーソン（１９０７―６４）が書いた『沈黙の春』（最初の日本訳は『生と死の妙薬――自然均衡の破壊者〈化学薬品〉』青樹簗一訳／新潮社／１９６４）である。

その内容は、有機塩素系の農薬ジクロロ・ジフェニル・トリクロロエタン（DDT）の大量使用によって、虫が死に絶え、春になってもそれを食べる鳥の声が聞こえない、という話だ。物質が生き物（の個体や栄養段階）のあいだを循環するという、生態学の考え方がこの本によって一般に広まった。

風が吹けば桶屋《おけや》が儲《もう》かる、というような話（因果律《いんがりつ》）を知る日本人には、電光のように伝わる内容であった。

ちょうど日本も高度経済成長のころで、自然への影響として農薬のほかにも、草刈り機の発達（草を刈りすぎて虫やカエルの住み場所がなくなる）、田舎《いなか》の隅々まで敷設《ふせつ》された街灯《がいとう》（昆虫が明かりに惑わされて死んでしまう、夜間に生まれたウミガメの仔《こ》が海に帰れない、渡り鳥が航路を間違える）、川や水田の護岸《ごがん》（住《す》み処《か》の喪失《そうしつ》）、冬に水田の水を抜いてしまう乾田化《かんでんか》など、そこに住む生き物にとって、さまざまな問題が起こっていた。公害という言葉が新聞を賑わしていたのもこの時代だ。

都会では下水の整備が拙速《せっそく》に行われたため、たとえば東京都では家庭廃水と雨水がいっしょに流れる合流式《ごうりゅうしき》下水《げすい》になってしまい、大雨が降ると便所に流した汚水《おすい》が河川に流入するようになってしまった。これは現在でも改善されていない。人間が服用し

カーソンはもともとアメリカ内務省魚類野生生物局の海洋生物学者だった。

レイチェル・カーソン

農薬のDDTとは、ジクロロ・ジフェニル・トリクロロエタン(Dichloro diphenyl trichloroethane)の略。

『沈黙の春』以外の著作に『潮風の下で』『われらをめぐる海』『センス・オブ・ワンダー』『海辺』などがある。

自然からある種の不思議さを感じ取る感性を説明する言葉「センス・オブ・ワンダー」も有名になった。

たさまざまな薬が便所経由で下水（処理場で薬は処理できない）や川に流れ込んでいる。このような薬の流出は、環境ホルモンや薬剤耐性菌の出現などの心配が予想される。いずれも人間の起こしたことが、それを意図していたわけではないにもかかわらず、自然へ悪影響を与えることになってしまった。

カーソンが提起した農薬の問題は、ＤＤＴの使用を控えることには成功した。しかし、今となっては少し残念なこともある。たしかに農薬の使いすぎはよくない。しかし虫にだけ効く農薬としてはＤＤＴは優れていた。ＤＤＴの使用が禁止されることで、さらに別の農薬が開発されることになる。有機塩素系（ＤＤＴ）の代わりに有機リン系（パラチオン、マラソン）が登場し、さらに現在ではネオニコチノイド系の農薬が主流になっている。この新しい農薬は田畑には残留しにくいが、水溶性なため、結果的に多くの生き物、そして人間の健康にすら影響を与える可能性が指摘されている。

第4章　外来種がいないと困る在来種

◉皇居の外来生物

２００３年（平成15年）２月27日９時、皇居外苑にある牛ヶ淵に、ビデオカメラ８台、カメラマン15人、それに記者や助手を入れると１００人以上の報道関係者が押し寄せた。上空にはヘリコプターも飛んでいる。投網《とあみ》２回、地曳き網《じびあみ》１回という「操業」を終えた２人乗りのゴムボートを、皆が固唾《かたず》を呑んで待つ。ここ皇居周辺は、１９４９年（昭和24年）に皇居外苑として開放され、濠《ほり》を含めた国民公園になっている。

この日は、この公園を管理している環境省自然管理局皇居外苑管理事務所と東京水産大学（現東京海洋大学）魚類学研究室、（財）自然環境研究センター（現〈一財〉自然環境研究センター）による移入種駆除《くじょ》作業が行われていた。ゴムボートが接岸するとバケツが調査員に手渡され、魚の選別が行われる。それを追うレンズの砲列。やがてモツゴ（東

関東地方では、クチボソと呼ばれる。もともとモツゴという名は四国の地方名。和名をつけた研究者が四国の人だった。

公的な機関で行われた初の「かいぼり」。皇居での記者会見のようす。

モツゴ
（関東地方ではクチボソ）

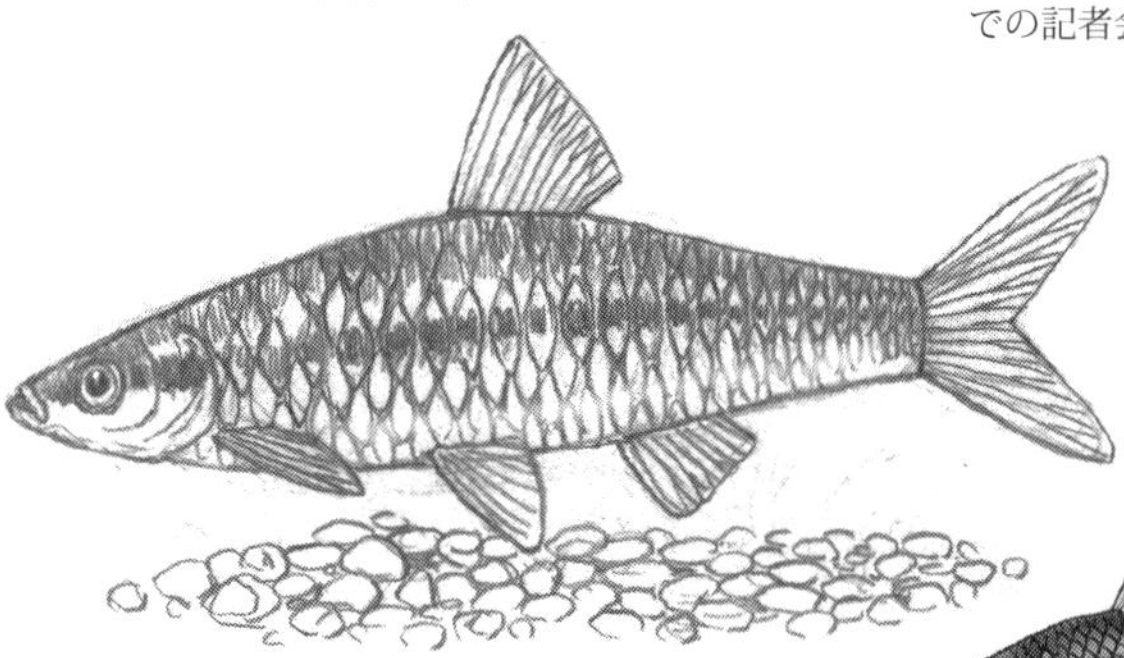

オスはメスが石に産みつけた卵を稚魚が孵化するまで守る。

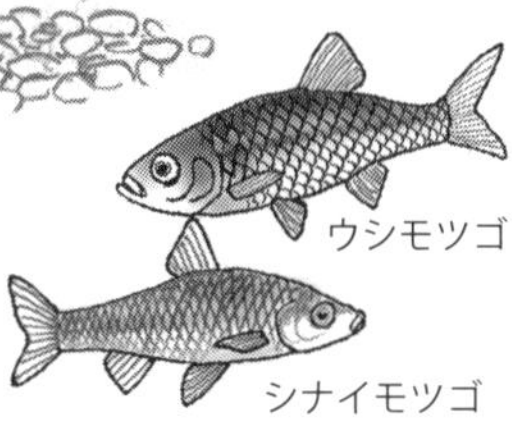

日本にいるモツゴの仲間は、ほかにウシモツゴ、シナイモツゴがいる。

京方言でクチボソ）とブルーギルが入れられた標本瓶《びん》が2本並べられ記者会見が始まった。

「外来種ですか？」「これは在来種ですか？」「この中にブラックバスはいますか？」怒号に近い声が飛ぶ。ブラックバスもブルーギルも、名前は有名でも取材に来ている記者ですら実物を知らないということがわかる。泥の混じったバケツの水を見て「やはり汚染は進んでいますか？」という質問もあった。どうも、こんなに酷い環境には悪い「害魚」がたくさんいて、可哀想な在来種が少ない、という記事が作りたくて作りたくてしょうがないという雰囲気である。このときの試験採集はモツゴが約60匹、小さなブルーギル12匹が捕獲された。

皇居のまわりには内濠が12ある。それぞれの濠《ほり》は、半蔵門を分水嶺《ぶんすいれい》（いちばん高い所）にして左右方向に少しずつ水位が低くなって並んでいる。この12濠のうち、移入種（＝外来種、ここではブラックバスとブルーギルのこと）がいるのは8か所。ブラックバスは１９７５年（昭和50年）、ブルーギルは１９８４年（昭和59年）に「発見」された。この駆除《くじょ》作業の段階で見つかっている魚は、コイ、ソウギョ、ハクレン、ギンブナ、ゲンゴロウブナ、モツゴ、タモロコ、ウキゴリ、トウヨシノボリ、ヌマチチブ、ジュズカケハゼ、ウナギ、ナマズ、カムルチー、ワカサギ、ブラックバス、ブルーギルなどと発表された。濠ごとに若干構成魚種は異なる。スジエビとヌマエビも多い。

今回の３５０万円をかけた作業の正式名は「皇居外苑・牛ヶ淵における水底状況調査・ゴミ清掃及び在来種保全（移入種駆除を含む）作業」というものだ。これは２００１年（平成13年）から5年計画で進められてきた事業である。

これまでの調査結果では、ブルーギルの増加が著しいことと、ハゼ科の魚が減少傾向にあることがわかってきた。牛ヶ淵は外来種がいる最上流の濠にあたり、今回は30年ぶりに牛ヶ淵の水を抜いて清掃・駆除作業が行われたのである。牛ヶ淵では4月中旬にブラックバスが、7月中旬にブルーギルが産卵することがわかっている。その前に駆除を開始したというわけだ。

環境省は今回の事業を全国の移入種対策のモデルケースとしてとらえ、専門家による評議委員会にはかるとコメントした。ちなみにブルーギルは訪米された明仁親王（現上皇陛下）がアメリカからもらってきた魚が巡りめぐって無法に放流されたもの、ソウギョは水辺のハスやヒシなどの「草刈り」のために１９６２年（昭和37年）に放流されたものだ。このときの作業では、ブラックバスとブルーギルが駆除された。のちにテレビ番組にまでなる「かいぼり」(近代掻掘《かいぼり》)の始まりといえる作業だった。

●目的化するかいぼり

皇居の濠のような区切られた環境で、大学という研究機関と省庁が長期間にわたって行うかいぼりなら、データの収集も含めて意味があることだろう。しかし最近のかいぼりは、そのこと自体が目的になってしまい、テレビ番組などでショーアップされた存在になってしまった。自然を管理する方法はさまざまある。かいぼりは、その手段のひとつにすぎず、また方法としては劇薬に近い。目的の種《しゅ》(たとえば外来種)を選択的《ピンポイント》に駆除《くじょ》はできないので杜撰《ずさん》に行えば、いたずらに自然を痛めつけ、無意味な殺生をすることになる。

私自身かいぼりに反対する立場で、いくつかのかいぼりに参加してみたことがあるのだが、採り上げた生き物の扱いや、種の選別、殺し方、いずれ再放流する生き物の管理の方法など、問題が山積みだと思った。このような細部についてはテレビでは放映しない。そもそも外来種の何が問題なのかの説明もないまま「悪者」のレッテルを貼《は》ってしまう。視聴者は勧善懲悪仕立ての番組に満足する。それでかいぼりをすれば自然が良くなるという単純な発想から、かいぼり自体が目的化してしまうのだ。そもそも外来種がいなくなると良い自然になるという理屈は、どこから出てくるのだろうか。

かいぼりの本来の目的は、池の底を干すことで浄化作用を促したり、ヘドロやゴミを取り出すことだった。外来種の駆除が目的ではなかった。伝統的な行事としては池掃除をし、その余録でコイやウナギを採って食べる程度のことだった。

自然を管理する方法として、本当にかいぼりが良い選択なのかをよく考える必要がある。かいぼりで種を選別するとしたら、長期間継続しなければならない作業があるが、そのための施設や組織があるのか、そこまで考えて実行する必要があるのだ。かいぼりは守るべき種にも大きな影響を与えるので、組織的な迫害《ホロコースト》になる可能性もある。

●今カミツキガメを飼うこと

カミツキガメは、英語でスナッパー Snapper あるいはスナッピング・タートル Snapping turtle と呼ばれる。近い仲間であるワニガメはアリゲーター・スナッパー Aligator snapper と呼ばれる。俗に言うスナッパーとは咬《か》みつき屋、うるさい奴のような意味で、魚類のフエダイやタイなどの俗称としても使われる。現在和名として使われているカミツキガメは、まあ妥当な命名だろう。

かつてカミツキガメは、カメ好きの憧《あこが》れのカメだった。それがアメリカからの輸入が増え、欲しいという人（それほどはいない）の手に行き渡ると、だぶついてしまう。いっぽう本国アメリカでは、美味しいカメだとして食用に乱獲され、捕獲には規制がかかった。現在ではアメリカからの持ち出しは禁止されているという。

カミツキガメは北米産なので日本で越冬もでき、アメリカザリガニ、ミドリガメやアライグマに続いて、日本に定着してしまった。名前が恐ろしいのと、紹介される写真が口を開けて怒っている写真なので、さらに悪者である印象が強くなっている。写真を撮るときに棒か何かで突いて怒らせているのだろう。ふだんは水中で暮らしているカメなので陸上に連れてこられ、棒で突かれれば口を開けて怒る。というか、カミツキガメはほかに対応のしようがないのだ。困っているというか、カメだって怯《おび》えている。不安で唸《うな》っている犬に手を出す人はいないだろう。追い詰められたカミツキガメに手を出せば咬《か》みつく。しかしカメのほうから向かってくることはない。実はカミツキガメに咬まれるのは、カミツキガメに慣れた人であることが多い。それは飼育しているカメが、じゃれついたり、なにかの拍子に手を餌《えさ》と間違えて咬む、ということだ。咬めば、そのカミツ

かつては許可制の特定動物だったが、特定外来生物に指定されて以降、新規の飼育は事実上できなくなった。

カミツキガメ

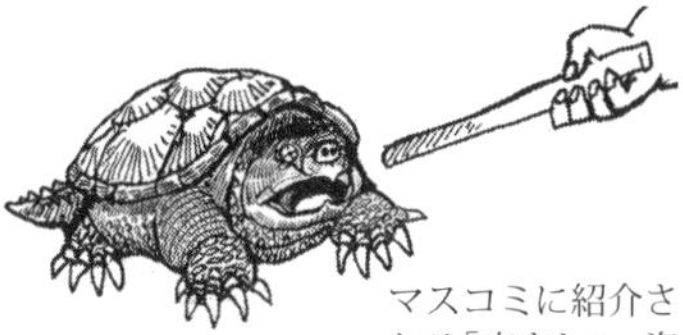

マスコミに紹介される「痛ましい」姿。いじめられて口を開けたところを写真に撮られる。

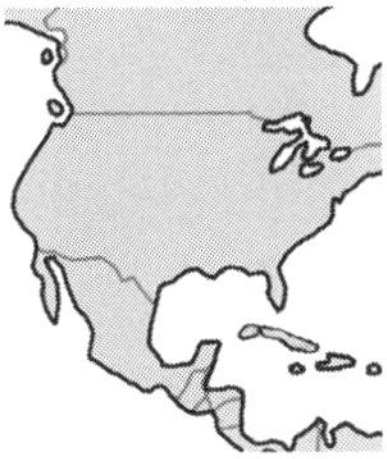

北米から中米にかけて分布する。

原産地では美味しいカメとして乱獲されている

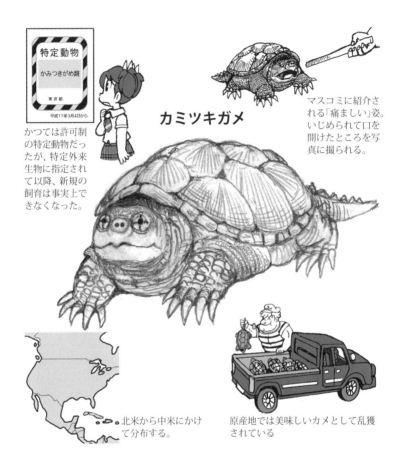

りのようなクチバシと、強い顎の筋肉で、酷い怪我を負うことになるだろう。池のまわりを歩いていて、突然カミツキガメに咬《か》まれるということは、隕石が頭にあたって怪我をするくらい確立が低い。いや公園を散歩中によそのトイ・プードルに咬まれる可能性のほうが高いだろう。つまり人間からカメに触らなければ、向こうから寄ってくることはない。クマや大型犬にいきなり触る人がいないように、カミツキガメもそういう付き合いをすれば、危険はない。もちろん飼育しているカミツキガメに指を囓《かじ》られた人がいることは知っている。飼育してみるとわかるが、とても頭の良いカメなので、よく人に慣れる。慣れるけれど、じゃれて咬まれても酷い怪我を負うことに変わりはない。繰り返すが咬傷《こうしょう》事故は、カメが人に慣れることと、人の油断が原因だ。そのカメが日本の自然に定着してしまい、問題になっている。今では、カミツキガメは外来生物のアイコンにもなってしまった。これは、間違いなくペットを逃がした「一部の心無い人」の罪である。

ある日、近所の公園でカメ類の調査が行われ、その時しかけた罠《わな》にカミツキガメが一匹かかった。カメは怒っているし、罠から出すこともままならない。カミツキガメは動きが敏捷だし、甲羅のへたな所を持つと長い首を伸ばして咬みつかれる。だいたい四肢には長くするどいツメがあって、これでガリガリされたらカメを持ってはいられない。きちんとしたハンドリング法（保定法＝持ち方）があるのだ。まずカメを踏んづける。こうして動きを制してから、カメの後方から両手の親指と人差し指で甲羅を摑《つか》みながら、薬指と小指で後ろ足を挟むようにして持つ。と、いうことを公園管理事務所から連絡を受けて、私は調査している人たちに教えに行った。調査の人たちにも実際にハンドリングをしてもらったが、びくびくしているとかえって危ない。そのことも伝えて、このカミツキガメも殺されてしまうんだろうな「涅槃《ねはん》で会おう」と、後ろ髪ひかれる思いで家に帰った。それからまたしばらくして電話がかかってきた。カミツキガメをなんとかしてほしいという。けっきょく引き取り、東京都に飼養《しょう》許可を取ることになった。

最初のうちは自由に販売されていたカミツキガメは、まず２００２年（平成14年）に「動物の愛護及び管理に関する法律」（動愛法）によって「特定動物」に指定された。特定動物とは、ゾウ・クマ・ライオン・ゴリラ・オオカミ・ワシ・ワニなどがその対象だ。細かな基準のある飼育施設が準備でき、その動物が逃走したときに危険を知らせる近所の学校や病院などの位置関係がわかる地図を描き、飼育者が成人で禁治産者や破産宣告者でないことを証明したうえで、職員の立ち入り検査を経て、飼育ができるようになる。

この飼養許可にあたっての条件は、最大のものを想定するので、猿ならゴリラが飼える設備を要求する。カミツキガメの場合（東京都）は、ニシキヘビを飼う条件と同列の設備が要求された。基本的には個人で飼ってはダメですよ、という状態だ。さらにこれらの手続きのうえに、個体登録代3000円と申請代1万9700円というお金がかかる。しかも申請代は3年ごとに必要なのだ。

さらに2005年（平成17年）に外来生物法（特定外来生物による生態系等に係る被害の防止に関する法律）が施行されるとカミツキガメは「特定外来生物」に指定される。管理が地方自治体の「条例」から国の「法律」になり、飼育がより厳しくなった。これまで「特定動物」の条件を満たして飼われている個体について手続きをする以外、事実上飼育ができなくなった。環境省自然環境局野生生物課外来生物対策室によると正式な飼養登録が行われているカミツキガメは現在全国に212匹いるという（2023年6月）。つまり我が家のほかに合法カミツキガメが211匹いるということだ。

●警察からの電話

ある日、「○○警察署ですが……」と電話が掛かってきた。「ついに！」（？）と私は緊張した。しかし話を聞いてみると私自身のことではなく、カミツキガメのことであった。「おたくのカミツキガメは逃げていないか?」という話だ。電話をしながら水槽を見ると、うちのカミツキガメは「おっ！　何？　餌《えさ》？」という顔をしている。このカメは人の目線には敏感なのだ。詳しく聞いてみると、その警察署に通報があり迷子のカミツキガメを保護しているという。扱いは拾得物（落とし物）なので、環境省に届けのあるカミツキガメの飼い主にそれぞれ電話をして確認しているのだそうだ。いろいろな意味で驚いたが、若いお巡りさんは必死だ。落とし主（飼い主）が見つからなければカメが処分される（殺される）ことがわかっているからだ。同情しつつ、今の状態を聞くとダンボールに入っているという。それは危険なので安全な保管の方法を伝える。ちょうど数日前に、大きな台風がきていた。おそらくどこかの池に逃されていた野良《のら》のカミツキガメが迷い出てきたのだろう。とても飼い主が見つかるとは思えない。

もし落とし主が見つからない場合は、私のほうで手続きをしてみようか、とも伝えた。お巡りさんは安心したように電話を切った。それから数日、連絡がこないので生まれて初めて自分から警察署に電話をしてみた。別の年配のお巡りさんであったが、私から電話があることを待っていたような口ぶりだった。そして私に連絡をくれたお巡りさんは非番（休み）であること、カミツキガメはすでに処分されていることを伝えてくれた。きっと若いお巡りさんがカメに同情しすぎたので上司の彼が「助け舟」を出したのだろう。カメは可哀想だったがやさしいお巡りさんの存在を知ることになった。

◉ディープ・エコロジーと動物の権利

人間と自然との関係は、特に西洋では人間が自然を利用する、つまり恵みを得る存在だという考えが主流だった。自然を守ることにしても、いずれ巡りめぐって人間にも役に立つことがあるという思いがあった。

しかしそれとは別に、動物の権利（人間が幸福を求める権利があるのと同様、動物も幸福を求める自由があるという考え（→140頁）を含め、さまざまな自然への考え方が、哲学や倫理学から提唱されはじめている。

ノルウェーの哲学者アルネ・ネス（1912―2009）は、従来の保護運動「エコロジー」に対して、より深い考えに立つという意味で「ディープ・エコロジー」を提唱した。オスロ大学で教鞭をとっていたネスは、カーソンの『沈黙の春』を読み、従来のエコロジー運動が、天然資源を守ったり環境汚染を防いだりはしたが、結局それは自分たち人間の利益になるからやっているのだと気づいた。ネスは、人類は特権的な存在ではなく、むしろ他の多くの種《しゅ》と適切な関係が結べる存在だと考えた。そして、すべての種は、等しく価値のある存在である、と主張する。トキもミミズもミジンコもみんな大切なのだ。

ディープ・エコロジーの基本的な考え方（プラットフォーム）は、８つの原則からなっている。第一原則は生命圏全体が内在的に価値をもっているということ。第二原則は生物多様性には内在的な価値があるということ。第三原則は、人類が第一と第二原則でいわれるもともとの価値を損なう権利をもたないということ。第四原則は、人口の減少を求めること。第五原則は、現在人類が自然に過剰な介入をしていることを認めること。第六原則は、経済成長至上主義とは異なる政策決定を行うこと。第七原則は、物質的なものの豊かさを指標にすることをやめること。第八原則は、ディープ・エコロジーを支持する人は第一から第七原則までの努力義務を負うというものだ。

ここでいう内在的価値とは、それが認められた存在（トキとかミミズとか）には、それが受ける被害（苦痛）に対して（人類と）平等な配慮が求められるということだ。そして物質的な豊かさを求め、文明を否定しない従来の保護運動を「サーフェース（浅い）・エコロジー」と呼んで否定する。

しかしディープ・エコロジーには、自然のためには人類などいないほうが良い、という結論がうっすらとあって「人間」の私としては困ってしまう。ディープ・エコロジーの第四原則ではないが、極端な「エコロジスト」の中には、自然にいちばん悪いのは人類なのだから、これ以上ヒトが殖えないように、自分たちは子孫を残さないよ、という声も出てきた。これを人間の反出生主義《はんしゅっしょうしゅぎ》という。自分たちの意思ならともかく、うっかりするとカルト宗教になってしまう。

さっそく反論も出てきた。ディープ・エコロジーに対して、無意味に自然を賛美し、それゆえに人類の存在を無視してしまうようなことをせず、ありのままの自然を受け入れよ、という意見だ。これはライス大学のティモシー・モートン（１９６８―）が主張するダーク・エコロジーである。彼は、自然は文明を支えているが、人間社会の外側に自然を置く考え方はおかしいと批判し、現在の保護運動はいずれも「自然なきエコロジー」だと批判している。

環境倫理学の祖といわれるアルド・レオポルド（１８８７―１９４８）は『サンド地方の四季』（１９４９）というエッセーを著した。翻訳書は『野生のうたが聞こえる』（新島義昭訳／講談社学術文庫）で、ソローにならぶ自然共生思想の先駆けと評価されてきた。レオポルドは森林官として野生動物を管理する立場にあった人だ。このレオポルドの著作を、アメリカの哲学者ジョン・ベアード・キャリコット（１９４１―）は、その内容の倫理的な意義の高さに注目して「土地倫理学」を提唱するようになった。キャリコットは１９７１年（昭和46年）、ウィスコンシン大学に世界で初めて環境倫理学の講座を開いた人物でもある。土地倫理学の土地《ランド》とは、土地《とち》のみならず、そこに暮らす動植物、人間すべてを含めたものとされる。今でいう生態系に近い考え方だが、その土地《ランド》の征服者である人間はただの構成員のひとつにすぎない（＝生命の平等主義）と唱えた。それまでの「動物の権利」（→140頁）には、意識がある（自由を求める「ように見える」）ものに与えられるとして、植物には権利が認められていなかった。土地倫理学は、これが拡大されて、より広く「自然の権利」を認めよ、とする。

　この土地倫理学の延長にあるのが、風景（景域《けいいき》）全体を平等に保護の対象ととらえる「ランドスケープ・エコロジー」である。個々の生物や環境よりも、さらにスケールの大きな自然の見方の提案である。これなどは日本人にとって、受け入れやすい考え方であろう（→164頁）。

◉生態系が「サービス」？

アメリカの環境経済学者ロバート・コスタンザ（1950―）は、1997年（平成9年）、雑誌「ネイチャー」に「世界の生態系サービスと自然資本の価値」という論文を発表した。生物が多様性を保っていると人間の生活にも「価値」のあることを「サービス」（形のない財）という言い方で紹介した。資源や水などを得る「提供サービス」、気候の安定や洪水の緩和など「調整サービス」、観光や精神的な喜びを得る「文化的サービス」の3つがあり、さらにこれら生態系を物質的に支えている栄養循環や土壌形成などの「基盤サービス」があるという。自然は人間が利用するためにある、という考えの、古くて新しい主張だ。

日本には「自然の恩恵」や「自然の恵み」という言葉があるので、この経済学者が使う「生態系サービス」という言い回しは、個人的には嫌な言葉だ。しかし新しい言葉好きの日本の役所ではたちまち使われるようになった。

つまり「生態系サービス」とは、人間にどれだけ福利（well-being《ウエルビーイング》）があるのか、価値をもっているのかということで自然を評価しようという考え方だ。ウエルビーイングとは

ＷＨＯ憲章では「肉体的、精神的、そして社会的にも、すべてが満たされた状態」だそうだが、つまるところ人間の利益だろう。自然を具体的な価値（おそらく、お金に変えられる）ととらえる。なにせ「人間への福利」が基準だから国際的には便利で標準的な考え方になっている。科学というよりは、政治的な基準といえるのかもしれない。先に触れたディープ・エコロジーとは正反対のように感じるが、抽象的な「心」や「権利」よりもドライでお役人向けの考え方だということなのだろうか。

●公認の外来生物もいる

外来生物の駆除《くじょ》の目的はなんだろう。外来種のレッテルが貼《は》られたものを機械的に「処理」しているだけではないか。駆除のために生き物を捕まえて殺すということはどういうことだろうか。それが手つかずの自然、あるいは理想の自然を再現するという、大きな「正義」に適うことなのだろうか。

今の時代、外国の生き物をこれ以上、日本の自然に放そうと考える人はそういないだろう。外来生物の問題は、すでに定着してしまったものをどうするか、ということになる。

日本人はマジメだから、気になりだすと、どんどん話が細かくなってくる。今まではなんでもなかった外来種に注目が集まると、どんどん外来種の排斥運動が始まってしまった。これまでの歴史的な経緯や実際の自然への影響を考慮せずに善と悪のような考え方になってしまった。

ところが現在でも環境省によって生存権を認められている外来種がいると言ったら驚くだろうか。それは「産業管理外来生物」というカテゴリーで、かつての帰化種のように自然に放されて今も野外に存在している。それらは緑化や牧草、養蜂における蜜源植物、果樹、養殖・放流、施設栽培の受粉などに用いられる生き物で、「産業又は公益的役割において重要で、代替性がないもの」である。具体的には、オニウシノケグサ、カモガヤ、ドクムギ類、オオアワガエリ（チモシー）、ハリエンジュ（ニセアカシア）、ビワ、キウイフルーツ、モウソウチク、セイヨウオオマルハナバチ、ニジマス、ブラウントラウト、レイクトラウトなどである。セイヨウオオマルハナバチは特定外来生物に指定されているが、海外で養殖されたものが、ハウス栽培のトマトの受粉用に大量に輸入されている。ハウスから逃げ出さないように管理が求められているが、実際には野外に定着しつつある。

やはり外来生物法は、生き物にとっては公平でない。悪法もまた法なのだろうが、そ

国際マス釣り場

戦後、進駐軍の娯楽のため関東を中心に国際マス釣り場という、釣りとバーベキューができる施設が作られた。

脂《あぶら》ビレ

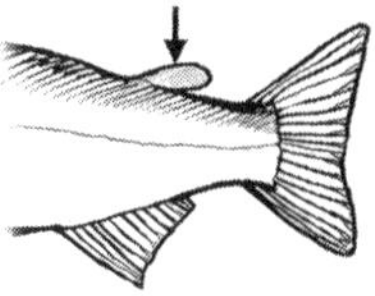

どちらもサケ科の特徴である脂ビレをもつ。

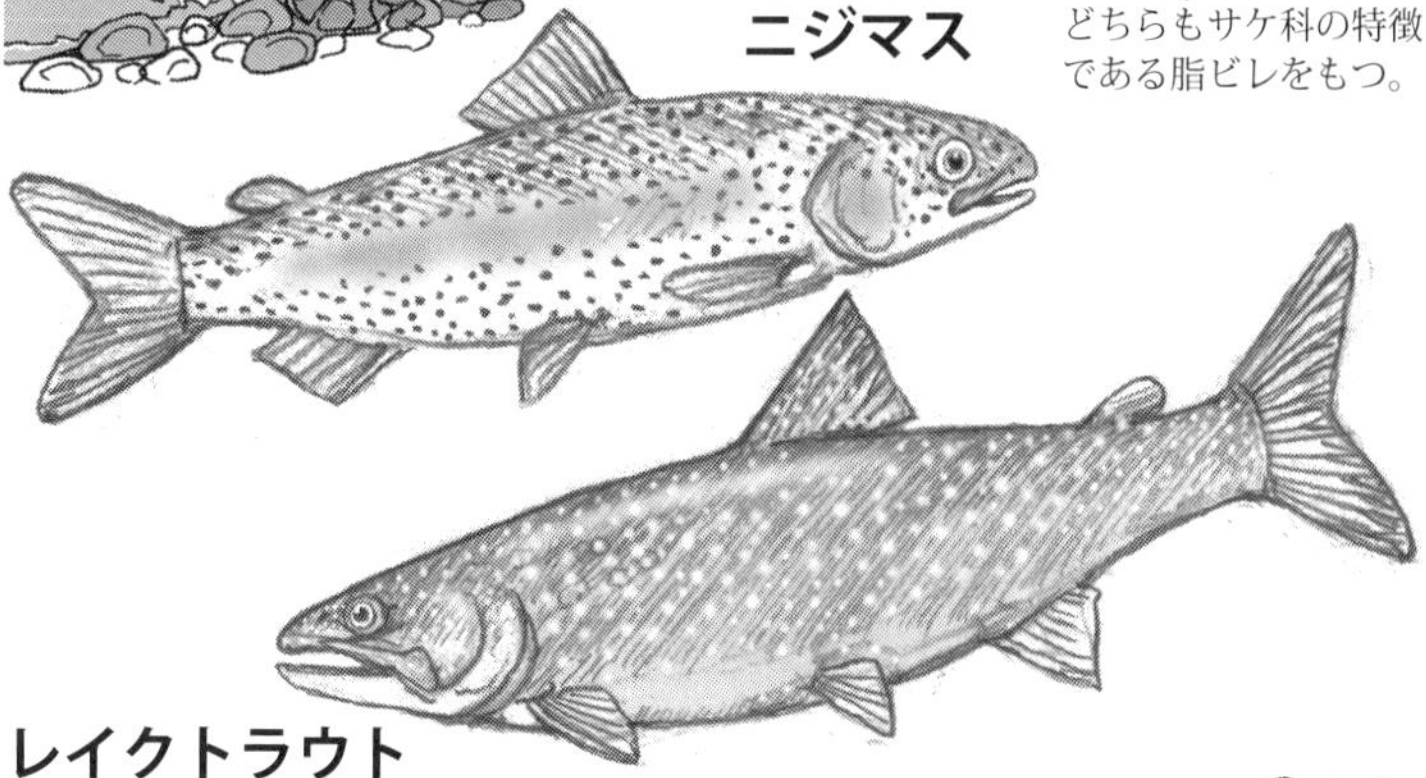

レイクトラウトはイワナの仲間。中禅寺湖に放された。もともとはアメリカの五大湖が原産。

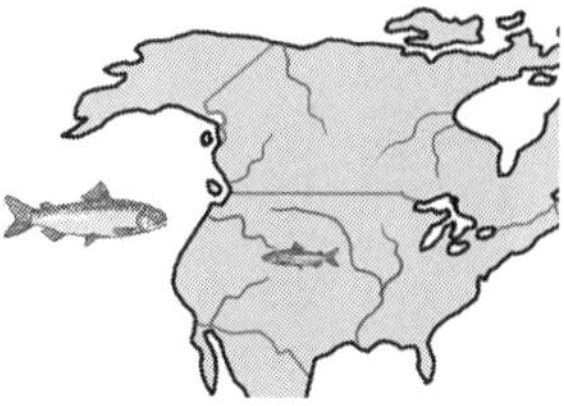

ニジマスは北米原産のサケの仲間。明治時代に日本へ移植された。海へ降りると大きくなる。

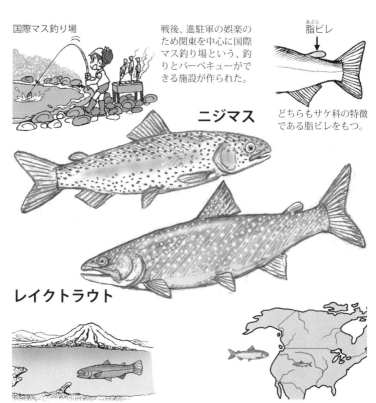

れを運用する側、特に一般の人が「すべての外来生物が悪い」という発想になってしまうことは問題だ。特定外来生物に指定されているラージマウスバス(ブラックバス)でさえ、合法的に釣りを楽しめる地域は今でもあるのだ(↓129頁)。このように、外来種は駆除《くじょ》しなければならないという風潮があるなかで、外来種がいなくなると困る現実もあるということを、次章より今ある自然を舞台にして考えてみたい。

蛇足ながらアメリカ原産のイワナの仲間レイクトラウトは、私が学生時代に卒業論文でお世話になった日光にある研究所で飼われていた。私は労働力としてお世話係を拝命していたため身近な存在だったが、ある意味とてもマイナーな魚だ。なんでこの魚が「産業管理外来生物」という特別扱いになるのか、今も不思議に思っている。

第5章　今ある自然を見直す

◉手間暇かける必要があるか？

自然の中に定着した生き物を、ある一種だけ取り除くのは、大変な手間と、時間がかかる。つまりお金がかかる。それだけのことを本当にする意味があるのかを考えたほうがよい。たしかにフイリマングースは、そこにしかいないヤンバルクイナやアマミノクロウサギ、イシカワガエルを守るために徹底的に駆除《くじょ》したほうが良いだろう。しかし場合によっては、ある生き物がすべていなくなってしまうことで、別の問題が発生することもある。自然は複雑だ。長い時間かけて、その状態を維持してきた状態に、急に人間が手を突っ込むと問題が起こりやすい。アメリカザリガニにしたって、アメリカザリガニを食べている水鳥がたくさんいる。ブルーギルにしても、ブラックバスにしても、小魚のころは、いろいろな生き物の食べ物になっている。都会の公園の自然は、外来生物を

アマミイシカワガエル　オキナワイシカワガエル

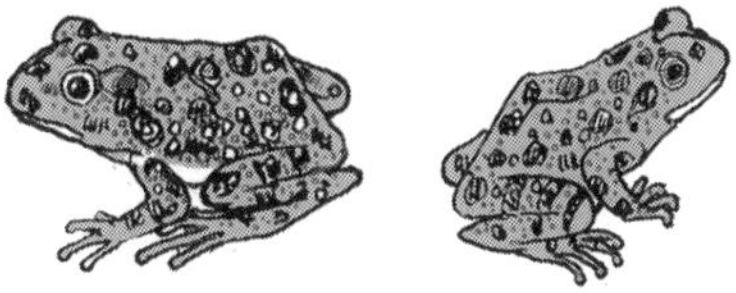

日本一美しいと言われるイシカワガエルル。アマミイシカワガエルとオキナワイシカワガエルがいる。

ヒョーウ、ヒョーウと、鳥のような声で鳴く。天然記念物。

イシカワガエル

夜行性でハブがいるようなところに住んでいるので、観察するのも用心が必要。

卵やオタマジャクシは白っぽい。

取り除いてしまうと何もいなくなってしまうこともあるだろう。これが自然を守るということならば、なんともブラックユーモアではないか。ブラックバスとブルーギルは特定外来生物として駆除《くじょ》の対象になっているが、長い期間にわたって、日本の自然に定着している外来種すべてを駆除するのは大変だし、意味があるとは思えない。

すでに定着している外来種については、どこかで折り合いをつける必要がある。その自然に急激に影響を与えないのであればようすを見ながら放っておけばよい。もちろん必要があれば駆除する。そして自然管理の目標（ベースライン）は、日本全国が同じでなくてもよい。アメリカザリガニがいて困る自然もあれば、都会の公園などで子供たちが水辺で遊ぶ対象としてアメリカザリガニがいる自然があっても良いのではないだろうか。持ち出さない、持ち出したら終生飼育する、他の場所に放さないというルールをきちんと守れば、場所ごとに多様な自然を認める管理法があってもよいと思う。

●駆除すべき外来種とは？

「駆除すべき」外来生物を決める基準はなんだろうか。いちばん最初にあがるのは「侵略的外来生物」だろう。環境省の定義では「外来種の中で、地域の自然環境に大きな影響を与え、生物多様性を脅かすおそれのあるもの」と説明されている。例としては、マングースや小笠原諸島のグリーンアノールが紹介されている。グリーンアノールはトカゲの仲間で島固有の昆虫を食べてしまうことが問題になっている。「侵略的」というと何か恐ろしいようだが、あくまで自然への影響を表したもので、アメリカではコイ（鯉）やクズ（葛）が侵略的外来生物にされている。

　日本は１９９３年（平成５年）に生物多様性条約を批准し、その2年後に生物多様性国家戦略を定めている。そして２００５年（平成17年）には外来生物の持ち込み・持ち出し・飼養《しよう》（飼うこと）や譲渡を制限する外来生物法（特定外来生物による生態系等に係る被害の防止に関する法律）を施行した。生態系だけでなく、人間活動に被害をおよぼすおそれがある生き物が、この通称「外来生物法」によって「特定外来生物」に指定される。指定されたものは、生きたままの移動や飼育などが法律的に規制され、防除（駆除）の対象となる。ある意味で誰にでもわかりやすい基準だ。そのほかにも環境省では「我が国の生態系等に被害を及ぼすおそれのある外来種リスト」を発表しており、これらの項目として、「定着を予防する外来種」（定着予防外来種）、「総合的に対策が必要な外来種」（総合対策外来種）、「適切な管理が必要な産業上重要な外来種」（産業管理外来種）などの項目に生き物の名前が羅列されている。そして、「定着を予防する外来種」のほとんどと「侵略的外来生物」は、「特定外来生物」に指定されている。生物多様性基本法（２００８）では、生態系、種《しゅ》、遺伝子の３つの段階で多様性を確保すると定めている。そしてこれらの多様性に影響を与えるのは、乱開発や資源の過剰利用といった人間活動、過疎化や高齢化によって人間による自然への働きかけが減少すること、人間によって持ち込まれた外来生物の存在にあるとしている。

つまり問題となる外来種は、侵略的外来種で、持ち込まれた生態系に影響があると考えられる種と考えればよさそうだ。それらは法律で特定外来生物に指定されている。つまり公《おおやけ》に駆除《くじょ》の対象となり得るのは「特定外来生物」ということになる。これらにしても野外で偶然捕まえてしまった場合、その場で放せばなんの問題もない（個人に駆除の義務はない）。逆に言えば、それ以外の「ただの」外来生物は、目くじらを立てて駆除する法的な根拠はないということだ。

ただし未許可の特定外来生物は、保管すること自体が禁止。たとえばウシガエル（食用ガエル）のオタマジャクシを飼っていると、麻薬や銃や猥褻画像を所持していることと同じように罪に問われるので注意が必要だ。無許可で特定外来生物を飼っていると個人では１００万円以下の罰金、これは大変だと、こっそり逃したのがバレると３００万円以下の罰金が課せられる（法人の場合はいずれも１億円以下）。そして懲役もあり、だ。特定外来生物の保管や移動、飼育については、法律的に極めて厳しい縛りがかかっている。

●ブラックバスをめぐるふたつの考え

ブラックバスとは、ラージマウスバス（オオクチバス）とスモールマウスバス（コクチバス）を合わせた俗称だ。もともとはラージマウスバスしか移植されていなかったので通称ブラックバス＝ラージマウスバスであったが、今はスモールマウスバスやフロリダバス（ラージマウスバスの亜種）も日本に定着しているので、これらを含んだ通称となっている。海水から汽水に住むストライプドバスも知られるがこれは「バス」の名がつくが別の仲間である（日本ではストライプドバスも特定外来生物）。

ラージマウスバスは１９２５年（大正14年）にアメリカから芦ノ湖に導入された外来種である。その目的は釣りの対象魚である。日本の高地にある湖は、火山性の堰《せ》き止《と》め湖であることが多い。水温は低く貧栄養で、魚が少ないか、まったくいなかった。そのため観光資源として魚が放流されてきた。氷に穴を開けて釣りを行うワカサギなどはその代表だし、ニジマスにしてもブラウントラウトにしても同様だ。ブラックバスはもっと温かいところに住む魚だが最初は寒い芦ノ湖に持ち込まれた。それが各地に広がり、今や外来生物の代名詞的存在にまでなってしまった。

芦ノ湖では1951年（昭和26年）に地元の漁業協同組合がラージマウスバスを漁業権魚種（第五種共同漁業権）に設定している。そのラージマウスバスは、1980年代になると全国で見られるようになった。バス釣りの大流行のためである。440万年の歴史を誇る琵琶湖でもラージマウスバスの生息が確認され、同時に在来魚の姿が減ってきたと言われる。滋賀県は1985年（昭和60年）から漁民（県漁業協同組合連合会）に協力を求め外来魚（ブルーギル、ラージマウスバス、スモールマウスバス）の駆除《くじょ》を開始した。さらに2002年（平成14年）からは県が漁民から外来魚を買い上げることで捕獲を進める事業を開始した。

いっぽう2000年（平成12年）当時、300万人という日本のバス釣りの愛好家から駆除への反対の声もあった。経済からみれば全国で年間2000億円規模の釣り具市場において約3割をしめる600億円がバス釣り道具の売り上げであることも無視でき

赤星鉄馬という財界人がアメリカから神奈川県の芦ノ湖に導入した。当初は大口黒鱒と呼ばれていた。

ブラックバス
（ラージマウスバス）

ルアーフィッシングの流行とともに日本各地に放流された。

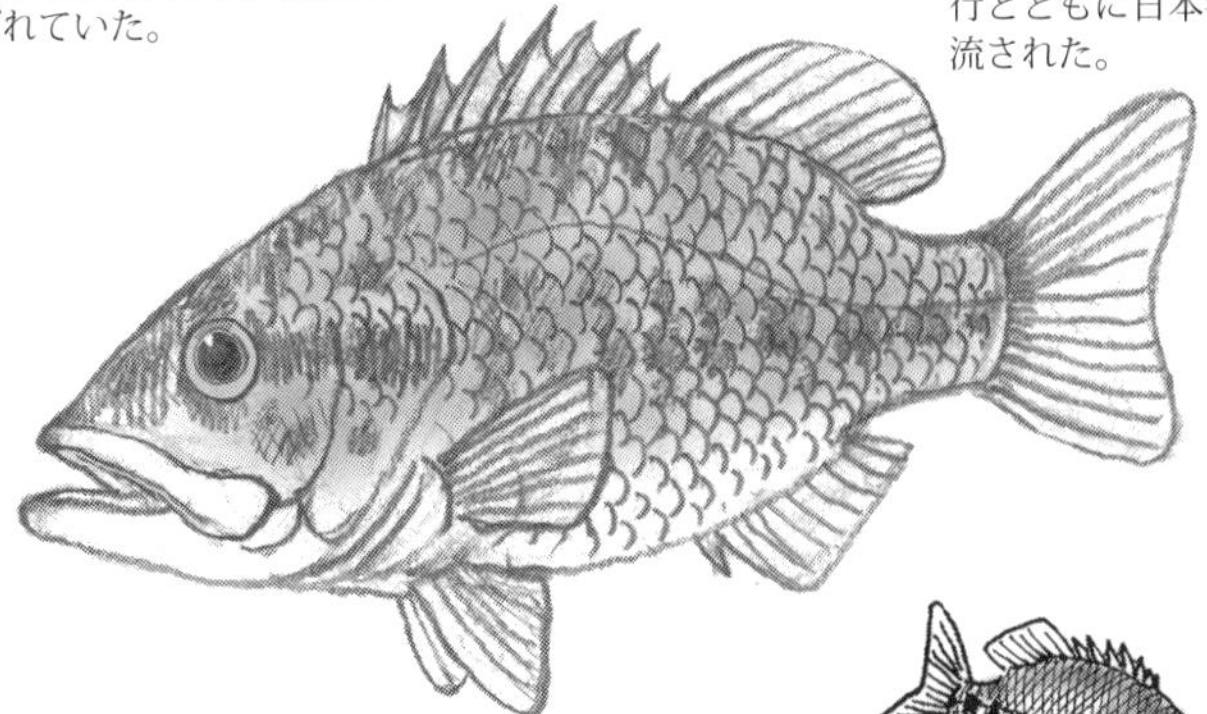

ブラックバスは日本では珍しいスズキ科の淡水魚。あえて言えばオヤニラミやアカメが近縁。

繁殖は4～7月。オスが卵や稚魚を守る。

ない。琵琶湖で言えば年間約70万人が訪れ、一人あたり一日に約８７００円を消費するという（平田2003：87）。京都新聞（２００1年11月9日）でもバス釣りの効果によって年間約50億円のお金が滋賀県に落ちていると報道されている。これは琵琶湖の漁業の3倍の収入にあたる。

琵琶湖の漁業の対象魚種は、アユ、ワカサギ、フナ（ニゴロブナとゲンゴロウブナ）、ハゼ（イサザとヨシノボリ）、モロコ（ホンモロコ、スゴモロコ）で全体の8割の生産額を占める。これらの漁獲高は減少するいっぽうで、外来魚の駆除《くじょ》による収入は増えている。ラージマウスバスを水産物として流通させた対価ではなく、駆除の労賃として得た報奨金だ。漁民としては有害とされる魚の駆除が生計の一部だというのは葛藤を生むものと想像される。

いっぽう、山梨県の河口湖では１９８9年（平成元年）に河口湖漁業協同組合がラージマウスバスを漁業権魚種（第五種共同漁業権）に設定し、漁業権者として釣り人から入漁料を徴収しはじめた。その認定にあたっては、在来生物への影響のモニタリングと県外への持ち出しの禁止などが条件になっている。続く１９９4年（平成6年）には山中湖（山中湖漁業協同組合）と西湖《さいこ》（西湖漁業協同組合）も同様に、ラージマウスバスを漁業権魚種（第五種共同漁業権）に設定した。漁協がある魚を漁業権魚種に指定すると、釣り人（遊漁者）から徴取した入漁料や組合員からの賦課金をもとにして、その魚を増殖する義務が発生する。稚魚の放流や産卵床の確保などの増殖事業を行わなければならないのだ。特定外来生物のブラックバスであっても入漁料を徴取する以上、魚を湖で殖やす義務があるというわけだ。実際に今も増殖事業は続けられている。また富士河口湖町では２００５年（平成17年）に条例として特定外来種（生体）の持ち出し持ち込みの禁止を定めている。これはブラックバスが特定外来生物法の指定を受けての施行であろう。つまり外来生物は駆除一辺倒ではなく、特定外来生物を利用する自治体も存在するということだ。ただし芦ノ湖（１９５１年漁業権魚種設定）、河口湖、山中湖、西湖のブラックバスの漁業権魚種の設定は、外来生物法以前にされているため可能だったわけで、時系列的に考えると今後は他の自治体が特定外来生物を利用できる可能性は低い。

●絶滅したクニマス発見の驚き

秋田県の田沢湖には、地球上でここにしか見られないクニマスという魚が住んでいた。１９４０年（昭和15年）に田沢湖の水を利用した生保内《おぼない》発電所による水力発電が始まり、その水源確保のためと、湖の下流の稲作の用水として、近くを流れる玉川の水を田沢湖に導くことになった。玉川は温泉地帯を流れているために塩素や硫酸分が多く玉川毒水と呼ばれていた。そのままでは稲作の用水としては使えないので、湖の水でうすめて下流に流すという目論見《もくろみ》もあった。そのため田沢湖の水質は極端な酸性に変化し、1948年（昭和23年）にはクニマスは絶滅した。当時は湖の生き物のことより発電や稲作のほうが大切だったのだ。

玉川の水が入る以前の田沢湖では、湖岸でクニマスの卵を採って受精させ、その卵（発眼卵《はつがんらん》＝受精して目がギョロリと見える卵。安定的に移動ができる状態）を全国に販売していた。販売先には富士五湖の2つ、本栖湖《もとすこ》と西湖《さいこ》があった。今でいう国内外来種（国内移入種）である。そのクニマスの子孫たちがどうなったかというと、西湖では純粋なクニマスとして生き残っていた。本栖湖ではヒメマスと雑種化した（つまり種《しゅ》としては残っていない）。西湖は水深が深く、もともといたヒメマス（といってもこれも移入種だが）は浅い水域に、クニマスは深い水域にと「すみわけ」ていた。そのため湖底で繁殖するクニマスは、ヒメマスと交雑することなく純粋な子孫を残すことができたのである。いっぽう本栖湖はクニマスとヒメマスが別々に繁殖する環境がなかったらしい。もとも

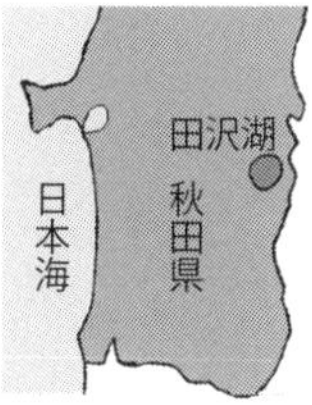

原産地である
秋田県田沢湖
は水深が423
メートルある
日本一深い湖。

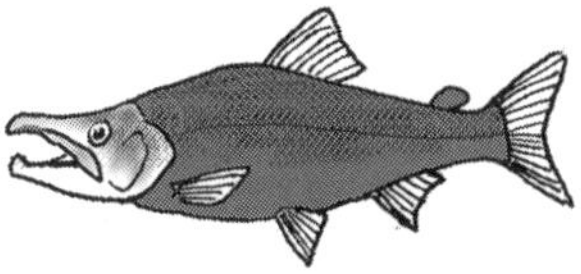

先祖はベニザケ。その子孫がヒメマス
やクニマスになった。

クニマス

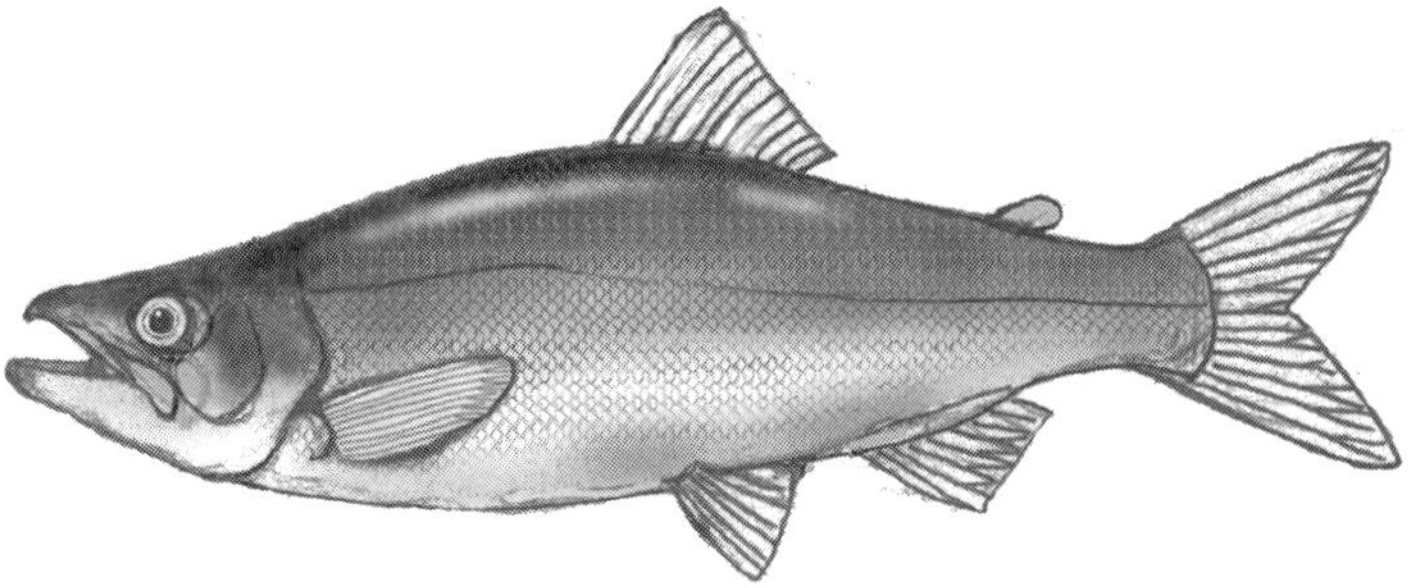

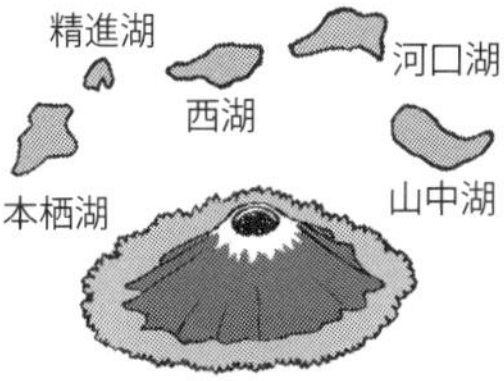

秋田県から山梨県に移植され、ク
ニマスは西湖で生き延びていた。

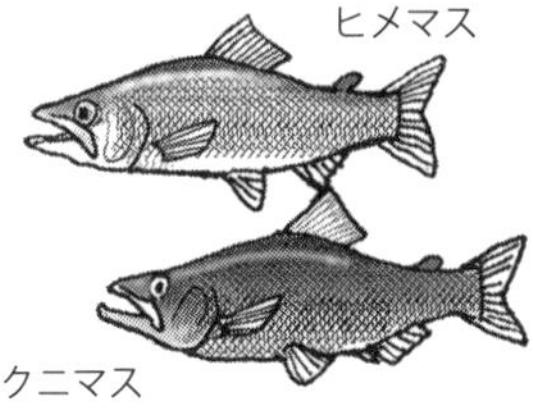

見た目はヒメマスとほとんど区別が
つかない。繁殖期は黒くなるという。
別名クロマス。

とヒメマスもクニマスも、ベニザケという共通の祖先から分化した子孫（種《しゅ》・型《かた》としては陸封《りくふう》されたコカニー）なので、繁殖の機会があれば雑種になる。

クニマスは自然では田沢湖にしかいないので環境省のレッドデータブックでは「絶滅〈EX〉」となっていた。しかし種《しゅ》としては西湖に「国内外来種」として生き残ったことになる。田沢湖の水をきれいにし、西湖のクニマスを「里帰り」させる計画もある。そうした場合、これも国内外来種になるのだろうか？　佐渡では日本産のトキが絶滅してから、中国産のトキを放している。その定着が確認されると環境省はトキのレッドリストを「野生絶滅〈EW〉」から１段階上の「絶滅危惧IA類」と変更した。トキは日本産が絶滅しても中国産がいたので「絶滅〈EX〉」とはならなかったようだ。

いっぽうクニマスは、西湖で発見されると、レッドリストは「絶滅〈EX〉」から「野生絶滅〈EW〉」に変更された。それにともない「野生絶滅」というカテゴリーの定義が「過去に我が国に生息していたことが確認されており、飼育・栽培下では存続しているが、我が国において野生ではすでに絶滅したと考えられる種」から「飼育・栽培下、あるいは自然分布域の明らかに外側で野生化した状態でのみ存続している種」と書き換えられている。しかし西湖にいてもクニマスは野生なのだし、里帰りの可能性を考えるなら「原産地絶滅」などのほうが、よかったのではないかと思う。いずれにしても、国内外来種が問題とされる昨今、偶然ではあるが、国内外来種が避難という意味で種の存続に役立ち、さらには原産地への里帰りの希望が見えてきたという意味で、クニマスの発見は「外来種」についても、新しい問題を提起することになった。

そしてクニマスの例から想像すると、諏訪湖固有で当地では絶滅したとされるタモロコの亜種スワモロコも、どこかで生き残っているのではないかと期待してしまう。

●魚だって苦しむ

その土地、地域固有の自然の大切さは、今ではさらに細かくなって「遺伝子《いでんし》」がうんぬんというようになってしまった。生物を見る目が、その生物が先祖代々持ち続けてきた特徴を情報化した「遺伝子」に集中しがちになるのは、今の生物学の流行でもある。ある部分は正しいのだろう。国内外来種などは、このことが大きな問題になっている。しかし、あまり抽象的に考えすぎると、遺伝子そのものが目に見えないだけに、歯止めがきかなくなる。人間は目に見えないものについて思い詰めると大抵失敗する歴史を繰り返してきた。個体の命というより、遺伝子を運ぶ乗り物として生物を見がちになってしまうからだ。この「生物は遺伝子の乗り物」とは、ある進化生物学者が「例え」として書いた言葉だが、それを本気にする人が出てきてしまった。それでは生命現象の繊細さは失われ、生物を物として、白か黒かで見る価値観を育ててしまう。最後には悪いものは殺してもいい、少しでも雑種化したものは駆除《くじょ》せよ、という単純な考え方が出てくる。また、外来種や在来種を問わず自然管理の方策として、あまりに増えすぎたり、ほかの生き物に迷惑をかけたりで、やむを得ず駆除する場合でも、あまりにむごい殺し方は、動物倫理に反するし、自分の良心も感覚が狂ってしまうだろう。

駆除で殺される生き物についての扱いも雑なままだ。現在では、多くの生き物に「痛み」を感じる神経や、「恐怖」を感じる感性があることがわかっている。２０１２年（平成24年）には、神経生物学や認知科学の研究者がケンブリッジ大学に集まり「人間以外の動物でも意図をもって行動する能力をもつことが科学的に明らかで、哺乳類や鳥類のほかタコをはじめとする多くの生物、人間以外の動物もこうした神経基盤をもっている（大意）」という内容の「意識に関するケンブリッジ宣言」が出されている。

たとえば、犬や猫、ニワトリを水に溺れさせて殺すようなことは、誰もが反対するだろう。これと同じで魚を陸に放り出したままにしている状態は動物を溺れさせることと同じになる。魚は鳴いたり、わめいたりできないが、恐怖と不安のなかで、窒息していく。

功利主義（快楽や選好〈＝幸せ〉を最大化することが良いという考え）の最初の提唱者とされるイギリスの哲学者・法学者ジェレミ・ベンサム（１７４８―１８３２）は、動物について「問題は理性的であるかでも話せるかでもなく、苦しむことができるかどうかである」と述べて「苦しい」という態度をとる動物の権利を守る（助ける）べきだと唱えた。陸上に放り出されて窒息していく魚の姿は、流行している「かいぼり」の現場ではよく見られる光景だ。大物を釣り上げた釣り人のように、自慢げに「大物」といっしょにニッコリ写真に写る「善意の自然保護者」も多い。時代が変わって、そんな写真がとんでもない悪い人の証拠にならなければ良いのだが。

◉駆除なら、少しでも良い殺し方を

駆除がしかたがない場合でも、対象となる生き物が恐怖や苦しみをなるべく軽減できる方法を考えるべきである。駆除される生き物には適応されない（対象になっていない）が、日本の法律で参考になりそうなものは動物の虐待を防ぐ動物愛護法（動愛法）あたりだろうか。正式名称「動物の愛護及び管理に関する法律」（２０１９年〈平成31〉改正）

では「動物を殺さなければならない場合には、できる限りその動物に苦痛を与えない方法によってしなければならない」とあり、また殺し方は「できる限り動物に苦痛を与えない方法で意識の喪失状態にしたのちに、心機能又は肺機能を停止させる方法、もしくは社会的に容認されている通常の方法によること」とある。これは人が飼育（占有）している哺乳類、鳥類、爬虫類に適応される。また牛、馬、犬、猫など11種は人間社会に高度に順応した動物なので、野良《のら》（飼い主がいない）であってもこの法律が適応される。しかし飼育下であっても両生類や魚類、節足動物などは対象になっていない。先にも述べたように野生動物や外来生物の駆除《くじょ》についても同様だ。ただし飼養《しよう》（飼うこと）する生き物を終生飼育するように明言しているので、外来種が野外に放されることを防止する歯止めは果たしているはずだ（罰則はない）。

　哲学や倫理学（道徳）の面からみると、思想家のヘンリー・S・ソルト（１８５１―１９３９）は『動物の権利』（１８９２年／１９２２年改訂）によって、先行する論者たちの使う「動物の権利」について整理して、人間が個性を発揮して自由を求めることは大切な前提条件であるのと同じように、動物もまた個性的な存在で、個としての自己を実現できる存在だと定義した。そのために動物にも人間同様に自由が必要であると考えた。

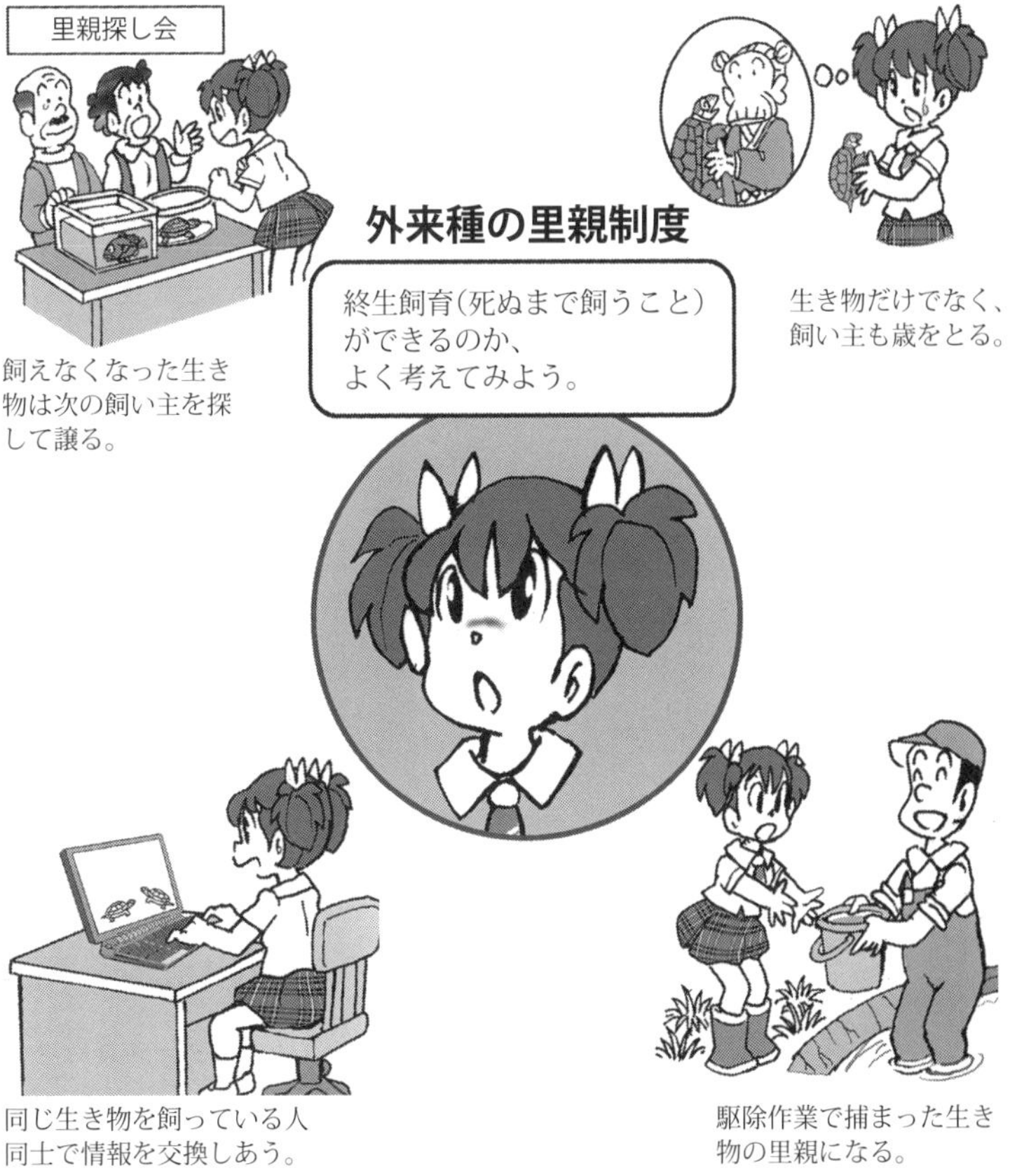
外来種の里親制度
終生飼育(死ぬまで飼うこと)
ができるのか、
よく考えてみよう。
里親探し会
飼えなくなった生き
物は次の飼い主を探
して譲る。
生き物だけでなく、
飼い主も歳をとる。
同じ生き物を飼っている人
同士で情報を交換しあう。
駆除作業で捕まった生き
物の里親になる。

それをアメリカの哲学者トム・レーガン（1938―2017）は、『動物の権利の擁護』（1983）でさらに厳密な定義を行っている。ユネスコは「動物の権利の世界宣言」を1978年（1989年改正）に出している。

またオーストラリアの哲学者ピーター・シンガー（1946―）は『動物の解放』（1975）で、人間同様に功利主義（幸せの最大化）という権利を動物にも認めるべきだ、と唱えた。その主張は、生命権（動物を殺すな）、身体の安全保障権（動物を傷つけるな）、行動の自由権（動物を拘束するな）という3つの絶対権利である。最終的には、肉食も生き物を飼うこともいけないという考え方になるのだが、その折り合い（バランシングポイント）は別として、少なくとも今ぞんざいに扱われている生き物の境遇を改善するお手本にはなる。駆除《くじょ》対象が、もし飼育できる生き物なら、殺すまえに「里親」を探すような試みがあってもよい。ミドリガメなど輸入が禁止され、誰もが無許可で飼育できる種《しゅ》などは、大切に終生飼育してくれる人が見つかるのではないだろうか。

先にも触れたように駆除の理由として、外来生物だという、その存在自体が「悪」として奪われる命がある。もちろん外来生物の歴史には、マングースの導入をはじめとして多くの反省がある。そのため駆除も場面によって必要だ。必要だがその方法（殺し方）を含めて、動物福祉Animal welfareや動物の権利Animal rightsの観点から、もう少し議論されるべきだと思う。ちなみに日本獣医師会では、「特定外来生物の安楽殺処分に関する指針」（２００７年〈平成19年〉）を公表しており、獣医師による安楽殺用薬剤の投与が必要であるとしている。

もし学校などで自然や外来生物について考える機会があるのなら、それと一体となっている生き物の駆除（殺すこと）について、道徳的に考える機会をつくってほしいと願う。特に学校なら、校内で飼っている生き物についても話し合い、ぞんざいな飼い方や飼育放棄（子供たちにその自覚がなくても）が動物虐待になるということも知ってもらいたい。

そもそも哲学の世界から「動物の権利」という考えが出てきた理由は、人間に権利があるなら、動物にも権利があるはずで、それを認めないのは種差別《しゅさべつ》である、という考えに気づいた人たちがいたからだ。法律は罰則があるが、道徳には罰則はない。しかし道徳（倫理）は法律以上に人間にとって大切なものだ。命を奪うことの大変さを知ることや、失敗を繰り返さないことだけが駆除の犠牲になった生き物への供養だろう。

付記　本書執筆時に奄美大島のマングースが２０２２年（令和４年）に４年連続で捕獲できず、２年後には根絶宣言が出せるというニュースが流れた（NHK NEWS WEB 2021 09 06）。

●第6章　外来種も暮らす新しい自然

●生態系の新しいとらえ方

アメリカのマカレスター大学の植物生態学者マーク・A・デイヴィス（1950―）は、植物のみならず鳥類や昆虫類を対象とする生態学者である。デイヴィスは、『侵入生物学』Invasion Biology（2009）を著し、この10年間の外来生物（invasive species 侵入種・侵略種＝外来種の悪い面を強調した呼び方）問題を広く見わたして解説し、これらに批判的な立場から新たな自然との付き合い方を提案している。

デイヴィスは、まず新しい生物がある環境に侵入した場合の影響と、それ以前の自然について定義する。そのうえで生態系におけるこれまでの定説、①種《しゅ》の平衡《へいこう》（生態系内では常に種のバランスがとれているという説）、②ニッチの飽和《ほうわ》（エルトンなどが唱える完成された環境には新しい生物が入り込む余裕がないという説）、③森の遷移《せんい》（クレメンツの唱えた植物群落は調和的なバランスである極相《きょくそう》〈完全なる生態系〉に向かうという説）に疑問を唱える。

つまり旧来考えられてきた生態系内では常に種のバランスがとれているという考えは幻想にすぎないと主張するのだ。もし本当に種のバランスがとれている、つまり平衡状態にあるとしたら、ほかの生態系にいた外来種が新しい生態系に入ることはできないはずだ。もともと種の平衡などないから外来種が定着できるのだと説明する。そのしくみは、種の平衡ではなく、それぞれの種の個体が、たまたまその場で「適者生存」しただけであるというもの。これは正統派《オーソドックス》なダーウィンの生物進化の考えと同じものだ。

同様に外来種が新しく別の生態系に入ったときの影響は、その予想の難しさや、それらの完全な駆除《くじょ》が、いかに困難であるかという指摘をする。しかも、これら予想することすら難しい生き物のふるまいを、推論で評価し、それが現実の自然管理を決定している「危《あや》うさ」に疑問を投げかけている。

さらに外来種の管理と、生き物に対する道徳や哲学の違いによって起こる社会の葛藤を分析し、新しい生態系（人間が管理する自然）や、調定生物学（思いやりのある保護）という考えを提案する。

デイヴィスは、たしかにたくさんの生物を人間が移動はさせたが、それは「自然の状態で起こる移動」とそう変わることはない、と考える。つまり彼は『侵入生物学』という題の本で「侵入生物学」という学問を否定している。ある環境で、どの種《しゅ》が勢力をもつかは、攪乱《かくらん》（氾濫《はんらん》や崖崩《がけくず》れなどの環境変化）によるもので、食物や資源はもともと外来種だろうと在来種だろうと公平に分配されるはずである。外来種が在来種と競合したり、外来種が在来種を食べてしまったりすることもあるが、それでも外来種が在来種を助けることもあると指摘する。外来種が定着できるかどうかは、エルトンが基本原理としたニッチの問題ではなく、散布体《さんぷたい》の導入圧《どうにゅうあつ》（一度に入った外来種の数の多さや、一気に数を増やせる可能性）か、攪乱《かくらん》によるもので、在来種も外来種も、全部の生き物が一度スタート地点について「よーいドン」と新しい暮らしを始めることだと考えた。このような自然界の再出発《リスタート》が新しい自然、つまり在来種も外来種も含めて新しい生態系を作る機会だと説明するのだ。そのうえで生態系における在来種と外来種の区別には科学的な根拠はない、という考えを示した。

アメリカの熱帯生物学者ダニエル・ハント・ジャンセン（1939—）は、生物進化の起こるしくみは、これまで言われていたような生態系内における種と種のあいだに「起こる」共進化《きょうしんか》によるものではなく、たまたま出会った種が、相互に適応（生態的調節《エコロジカル・フィッティング》）をして生き延びてきただけだと主張する。デイヴィスもジャンセンの考えを補強するように、歴史を共有して互いに変化すると考える共進化という仮説でなくても、たまたま出会った種同士が相利《そうり》共生《きょうせい》関係になる可能性もあるのだと指摘する。

植物が遷移《せんい》して最終的に極相《きょくそう》にいたる（言い換えれば生態系は飽和する）という説を唱えたクレメンツに対して、先に述べたようにグリーソンは植物が協調的であったり排他的であったりして遷移していくような「植物群落」は幻想であると否定している。自然はバランスを保つための「一見《いちげん》さんお断りの場所」ではなく、在来種だろうが、偶然あるいは人為的にやってきた外来種だろうが、誰でも参加できる空間でそれ以上でもそれ以下でもないと考える。

このように1970年代まで環境保護運動の「常識」であった「自然は人が手を入れない限り常に理想的な状態で保たれていく」＝「調和のとれた自然」（Balance of nature）という理屈に疑問が出てきた。局所的に自然が「遷移」する部分もあるが、基本的には偶然に起こる変化が生態系を成り立たせているという見方である。自然は一定の法則で、決まったゴールに向かって変化しているのではなく、そのときどきの偶然によって変化していくという新しい「常識」だ。

「自然保護主義者のためのエコロジー」という副題のついた『チャンスと変化』Chance and Change（１９９８）を書いたアメリカのアトランティック大学の保全生態学者ウィリアム・ホランド・ドゥルーリー（１９２１―９２）は、従来考えられているように自然が理想的に変化をしていくという見方は、自然そのものの乱れが大きすぎて考えにくいと指摘する。そして自然の変化はやはり種《しゅ》の個体間における「適者生存」が基本だ、と述べている。これまでの「調和のとれた自然」Balance of natureではなく、書名どおり「チャンスと変化」Chance and Changeということだ。だからこそ「自然の保全はその地域のことをいちばんよく知っているナチュラリストの言う通りにするべきだ」と主張する。

今いちど原則に戻り、生態系を種と個体、あるいは種と物理的な環境の相互作用ととらえる必要があるだろう。これまでロマンチックに語られていた予定調和的に種と種がバランスを取り合っているという考えの根っこには、バイオスフィア（生命圏）、そして数多くの種があたかも個体のように振る舞うとされる超個体《ハイパー・スピーシーズ》という発想や、極端にはガイア仮説、宇宙船地球号的な考えにゆきつく。これは科学というよりも思想や宗教に

新しい生態系の概念
常に変化する動的な存在である生態系には、壊れるという概念は成り立たない。
種が団結して生きているわけではない。あくまで個体が自然選択を受けている。
生き残った個体はその性質をさらに子に伝えることができる
チャールズ・ダーウィン
つきつめて考えると、外来種と在来種の境目は、どんどん曖昧になってくる。

近いものだろう。

繰り返すが生物は生態系という相互関係の中でニッチに適応するために共進化《きょうしんか》してきたのではなく、種《しゅ》はその場その場の状況に適応（あるいは消滅）しているだけで、生態系の飽和や植物群落の極相《きょくそう》を「目指して」いるのではないのだ。あくまで結果がそうなっている、ということである。自然や生物を「目的論」で見てしまうのは、すくなくとも科学ではない。だからニッチにしても「適者生存」した結果をあとから見れば、それがニッチのように見えるにすぎない、ということになる。

●外来種はすべて同じではない

フイリマングースやオオヒキガエルのように、外国から導入したものの、結局はそれを駆除《くじょ》するという愚行を繰り返さないようにしたいと考える人は多いだろう。自然の生き物は、人間が勝手に移動させないほうがいい。これ以上外来種を増やさないという考えは多くの人の共通認識だろう。そのため日本に定着する可能性のある外来種の侵入を水際で防ぐこと、俗に言う「蛇口を締める」対策は重要だ。ここは政治が知恵を絞るべき点だろう。しかし当面の問題は、今、日本にいる外来種とどう付き合っていくかという

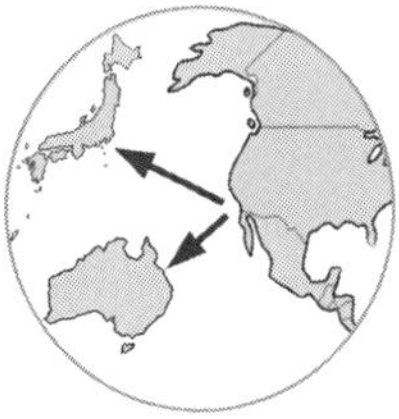

アメリカからメキシコが原産地。それが日本やオーストラリアに人の手で広がった。

オオヒキガエル

オーストラリアのみやげものになったオオヒキガエル。

7000～1万8000個もの卵を産む。

石垣島では一年中殖えている。

ことにつきる。
自然管理の問題は、外来種が自然の中心でのさばり、そのため弱い在来種が姿を消してしまうというような単純な話ではない。在来種ですら、人間が改変した自然の中で大発生し、その結果「悪いこと」をする場合もある。在来種が定着しにくい（あるいは姿を消した）環境に外来種が多いことも事実だ。しかし同様に外来種すべてが、いわゆる「侵略的」というわけではない。すでに50年、１００年日本に住んでいる外来種は日本の自然の中に組み込まれた存在といってよいだろう。調和的で役に立つ（種子を分散する、隠れ家を作る、餌《えさ》になる）外来種も存在する。それが、数十年たっても外来であるということだけで駆除《くじょ》するのは、その自然のためにはもったいないことだ。そもそも生態系が秩序や一定のゴールがない動的な存在だとしたら、自然を「乱す」という概念も成立しない。

世界に、日本に、そこの地域だけにしかいない生き物がいたとする。それを害する可能性のある生き物なら、おそらく在来種だろうが、外来種だろうが「駆除」することに多くの人が賛成するだろう。もちろん、すぐに絶滅しそうな生き物は、それが種《しゅ》の寿命なのだから「ほっとけ！」という考えもあるが、おそらく、そこまで生息圏を狭めてしまい、風前の灯火《ともしび》となっている種だとすれば、その原因をつくったのはおそらく人間の活動であり、やはり良心がとがめるから守ろう、ということになるだろう。

たしかに文字通りの「侵略的」な生物（外来種でも在来種でも）はいる。そして、それは人間が改変するなど、単純化した自然の中で、その性質を現すことが多い。だから、その生き物を駆除（殺す）することで、その数をコントロールする必要があることも否定できない。一時的な駆除ですむのか、定期的な駆除が必要なのか、それも見極めながら、最終的には駆除が必要ない状態になれば良い管理ということになるのだろう。

●共同利用に学ぶ新しい自然

牧場（草地）、森林、河川、水流、井戸、池、温泉などの環境つまり共有資源は、その地域の人びとにとって先祖代々の財産だ。よそ者とは違う権利者、そして管理義務をともなう利害関係者《ステーク・ホルダー》である。その身近な実例は先にとりあげた里山《さとやま》の雑木林《ぞうきばやし》だろう。これら共同の自然の恵みを利用する習慣的な権利を入会権《いりあいけん》という。地域により小さな違いはあるが、総有《そうゆう》や「もやい」（おもやい）と呼ばれることもある。英語で言えばコモンズ。これらの権利は、地域ごとの決まりによって、参加者の平等や、管理方法が決められる。自分たちで「やくそく」を作り、それを守る。ときに修正をする。だから全員の「納得」を得やすい。また地元を離れ、引っ越してしまえば、その権利は失われることが前提だ。外部から一時的に訪れている駐在巡査や赴任学校教師などにも権利がない。これら共同の権利は、自然の恵みを維持管理する伝統的な考え方だ。具体的には、個人がもつ知識や共同体が定めている伝統的な規範などが「伝統知《でんとうち》」として資源管理に役立っていることが注目される。もちろん、そのいっぽうで排他的な旧来の制度による公平性のなさや、乱獲に繋がる地域があることも明らかになっている。

ギャレット・ハーディン（1915—2003）は「コモンズの悲劇」（1968）で、共有資源のあり方や、持続的な資源の利用について概説をまとめている。そこでは、誰でも利用できる自然《オープン・ソース》（資源）は、たちまち乱獲され枯渇する「悲劇」にみまわれるという基本原則が述べられる。その「悲劇」を回避するために地域ごとに伝統的な規範や習慣が存在し、持続的な資源利用が維持されているのだと説明する。つまり利害関係者《ステーク・ホルダー》の排他的な管理によって自然が維持されているという。

このような習慣的な共同権利は、自然を守る役割が個人ではなく、多くの人がかかわるため、世代を超えて地域の環境を守り続けることができる。また、人が多くかかわるという意味で、自然そのものに価値を見つけやすい。その環境に住む生き物にとっても持続的な管理が行われるため子孫を安定して残すことができるだろう。

これら自然の共同利用という考え方は、伝統的な共同体に根ざしたものだが、新しいルールを作りながら、生き物を管理しつつ自然を育てていこうとする都会の環境保全にも応用ができそうだ。

●日本の法律では？

人びとの手によって自然を再生する法律もできている。２００２年（平成14年）、日本では「自然再生推進法」が定められた。これは、地元のＮＰＯなどが主体となって河川、湿原、干潟、藻場、里山《さとやま》、里地、森林その他の環境に対して、保全、再生、創出、維持管理を行うための法律だ。これから開発などによって損なわれる自然を、その近くに再生するような代償措置ではなく、過去の社会経済活動などによって損なわれた自然を取り戻すことを目的として行われる（一部意訳）。

具体的な目標としては、①生物の多様性確保に通じた自然との共生、②地域の多様な主体の参加・連携、③科学的知見に基づいた長期的視点からの順応的取組、④残された自然の保全の優先と自然生態系の劣化の要因の除去を行う、としている。

先にも紹介した「生物多様性基本法」（２００８）では、生態系、種《しゅ》、遺伝子の３つの段階で多様性を保全（保護）することが指摘されている。難しいことはともかく、その環境の中で、生き物の個体だけでなく、その子孫が生き残っていける見通しのたった、新しい自然が再生できれば楽しいだろう。その目標は２０３０年（令和12年）をゴールとする世界的な目標30 by 30（ＯＥＣＭ自然共生サイト）を目指す、ということになるかもしれない（→177頁）。

●外来生物を「ものさし」に自然を見る

自分たちの手で自然を守ろう、次の世代に豊かな自然を伝えよう、燃えさかるような善意の人たちが集まってきて、休みの日も、雨の日も献身的にボランティア活動を行う。目指す自然についての理想も高い。しかし、それがなかなかうまく続かない（笑い）。

最初20人いた人が１年たたないうちに半分になり、３年目には数人になったりする。さらに新しい人の参加が途絶えるため、集まりはいずれ消滅してしまう。よく聞く話ではあるが、それはなぜだろうか。

まず、皆で目指す自然（目標）が一致していない、ということが考えられる。それぞれの意見は少しずつ重なり、少しずつ違う。それぞれの高い理想をぶつけ合うから話がまとまらない。それなら、いちばん簡単な目標、あるいは対立する意見の半分半分を実現する作業から積み上げていってはどうだろうか。草地なら半分だけ草刈りをして残りは残す、あるいは、池のコイなら全部を駆除《くじょ》するのではなく、半分に数を減らす、など、長い目でようすを見て調節していくことだ。

任意の集まりであることから、参加できる日数や作業に差が出てしまい、欠席ぎみの人はだんだん居づらくなることもある。最終的には実作業のともなうことなのでしかたのない面もあるが、できることを、できる人がやるようにして、あまり義務感をつくらないことも必要かもしれない。

都会の人が田舎《いなか》に出向いて、そこの自然を守ろうということもある。人は飽きやすく無責任なところがある。ボランティアは自由意志《ボランタリー》なので責任が曖昧になることがある。いざ作業をしようとしても、人が集まらずに作業が止まってしまうこともあるだろう。地元の人は困ってしまう。だから、意見をまとめる人、連絡の責任者、事務的なまとめ役など、「だれ」が責任ある「みんな」なのかも含めて、最初からルールを決めておいたほうがいい。そして答えをひとつにしぼらずに、複数のゴールと試行錯誤の保証をすれば多くの人が参加しやすくなるはずだ。

自然との付き合いのコツは、とにかく時間をかけることだ。そして自然を楽しむことで、どんな自然を再生すればよいのかが見えてくる。ただし自然は結構退屈なものなので、自分なりに「ものさし」を見つけておくと長続きする。そのひとつに外来生物を選んでも悪くない。なにしろ数が多い。どこで何をしているのか、1年も続けて観察していれば、いろいろなことがわかってくるはずだ。

●楽しみは自分で見つける

都会の公園では、キノコを採ったり、魚や貝を捕って味覚を味わうというような楽しみ方は難しい。キノコが生えていても勝手に自分のものにするわけにはいかない。しかし今ならスマートフォンの写真で記録は残せる。キノコに限らず、出かければ出かけただけ、自然は何か面白いものを見せてくれる。それに気づき出すと公園歩きが楽しくなる。名前を知らないキノコも、ヘンな虫も写真を撮っておけば、詳しい人に尋ねることができる。

新しい自然管理法
殖えすぎたら、外
来種だろうが在来
種だろうが間引く。
「外来種」だと
いう理由で、駆
除するのは特定
外来種のみ。
203X年
202X年
2023年
結論をいそがないで
数年にわたって観察
を続ける。
外来種はすべて駆除
するという固定観念
は捨てる。

さらに発想を転換して、自然を、そのランドスケープ（景域《けいいき》）自体が獲物（宝）であると考えてみてはどうだろうか。風景は見るものだが、景域は自分も自然もその中にいるというとらえ方だ。ランドスケープ（景域《けいいき》）は、足もとの凸凹が造る大地の広がりで、自分で探検できる場所なのである。それはキノコや貝のように食べることができないけれど、子供たちにとっては秘密基地や未開の探検地である。自然と遊ぶことで共感する力を子供（遅ればせながら大人も）に培《つちか》う楽しい場所である。

人間は生まれながらにして生き物好き《バイオフィリア》なのだという考え方がある。これはアメリカの昆虫学者エドワード・オズボーン・ウィルソン（１９２９―２０２１）が提唱した仮設で「ヒトは生まれながらにして、生命やそれに似たものに関心をもつ傾向」だという。私はこの仮説が好きなのだが、少なくとも現在のように、自然とかかわる時間が減り、モニター越しの自然しか知らない人が増えてくると、生き物好き《バイオフィリア》の根拠も少し怪しいものに感じてしまう。「生命やそれに似たもの」つまりアニメやキャラクター好きの説明にはなるかもしれないのだが……。

生き物好き、自然好きというのは、その対象への共感力が必要だ。共感力は体験を通じて培《つちか》われるもので、人間にもともと備わってはいる（？）が、発揮できるかは別である。

許可があれば
味わえるよ

公園にはクワが多くて初
夏には美味しい実がなる。

撮って記録
しておこう

イグチの仲間も生え
ている。

アミガサタケ

鳥のために
残しておこう

ビワやタケノコも手に
入る（?）。季節の美味。

昨日はなかった
のに不思議ね

キクラゲも美味しい
キノコ。

体験を通じて誘発される能力なのだろう。それを培《つちか》う場が、たとえばふるさとの景域《ランドスケープ》になるのではないか。

自分たちが宝物にしている景域があるというのも乙《おつ》なものではないだろうか。抽象的だと思うのなら、月見や花見、紅葉狩りのような風流を楽しむ、といえば身近に感じてもらえるか。バードウォッチングをしている人なら、鳥を1種《しゅ》見つけるごとに、手応えを感じる（ライフリストが増える）、そんな喜びに通じるといえばわかるだろうか。

このように景域とは、たんなる風景を言っているのではない。前にも述べたように土地倫理やランドスケープエコロジーのいう景域を構成するすべての生物（人間つまり自分を含む）や自然物、そして風土を指している。魚がいて、虫がいて、木が植わっていて、ぱっと見てもわからないけれど、その風景の中にさまざまな自然が含まれている。さらに神社なり寺なりがあればそれは歴史的な要素も含まれるし、人里があれば伝統文化や民俗までが含まれる幅の広い言葉だ。ここに新しい自然のとらえ方が生まれてくると思う。もちろんその中に自分がいる、ということが大切なことだ。さらに詳しくは『足もとの自然から始めよう』（デイヴィド・ソレル著・岸由二訳／日経BP社）を読んでほしい。

身近な景域《ランドスケープ》は、地域の人たちが集団《コモンズ》（地域の主権者）となって、その環境を守る必要がある。また、開発やら、公園の改造やら、いろいろなことから自分たちの景域を守る仕事もある。もちろん、それは個人のものではなく、地域の集団《コモンズ》に代々受け継がれていくものでないと、その自然は守れない。

●ニホンミツバチを飼うこと

　キノコの話をしたついでに蜂蜜《はちみつ》の話をする。ふつう蜂蜜を集めるために使われているミツバチは、１８７７年（明治10年）に内務省勧農局内藤新宿試験場がアメリカから移植したセイヨウミツバチ（イタリア種）である。このハチは外来種だが天敵になる在来のスズメバチに対する防御ができないため人間が巣箱で世話をしなければ生き延びることができない。ただし離島などスズメバチがいないところに持ち込まれると自然に定着して在来のハチに影響を与える可能性はある。現在、日本産の蜂蜜として売られているものは、ほとんどが「国内」で外来種のセイヨウミツバチが集めた蜂蜜を指す。

　いっぽう日本にも在来のニホンミツバチ（トウヨウミツバチ日本亜種）がいる。セイヨウミツバチよりも性質がおとなしく、めったに刺すことはない。巣から蜂蜜を採るときにも、セイヨウミツバチのように煙を焚《た》いておとなしくさせたり、顔を守るために面《めん》布《ぷ》をつけたりしなくてもよいほどだ(もちろん安全のために面布をつけることが推奨される)。

ただしニホンミツバチは野生のハチなので、セイヨウミツバチの群れのように販売はされていない。それでも北海道と一部の離島を除いて、全国ほとんどのところにニホンミツバチは分布《ぶんぷ》している。もちろん東京にもいる。そのハチの群れを手にいれるにはどうするか。ハチがいそうなところに巣箱を作り、ハチの群れに自主的に「入って」もらうのである。

もちろん待っているだけではだめで、それなりの方法がある。春になって巣の中に新しい女王バチ(娘)が生まれると、それまで巣にいた女王バチ(母)が巣の働きバチの一部を引き連れて新しい巣へ引っ越しをする。母さんが娘のために巣を残し、自分は新しい巣を探して引っ越すということだ(ハチは母系社会)。これを巣分かれ(分蜂《ぶんぽう》)という。この分蜂した群れに、人間が作った巣箱へ入ってもらおうというわけだ。巣分かれをするとき群れの中から探索バチという働きバチが、新しくて良い巣になるところがないかあちこちを探しはじめる。この探索バチに用意した巣箱を見つけてもらい、分蜂した群れを誘導してもらうようにするのだ。そのためには特殊なランの花を用意して、その

重箱式の巣箱。簡単に作れて、採蜜もしやすい。

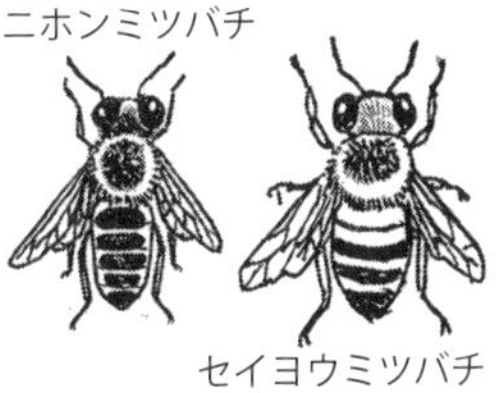

ニホンミツバチを誘引するのは、キンリョウヘンというラン。

年に数回、巣分かれがある。このときが捕獲のチャンス。

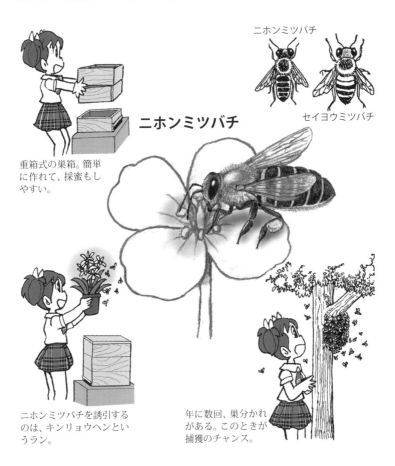

フェロモンを利用して自分の巣箱にハチを呼び込むということが行われる。

ニホンミツバチの養蜂は、イメージとしては、アパートを建てて、そこに入居してもらう大家さんのようなものなのだ。野生のニホンミツバチに、人が作った巣箱に住んでもらい、ときどき巣の一部を壊して、家賃として蜂蜜を頂戴するというもの。これが正真正銘、蜜源《みつげん》（花）も、集めたハチも在来の、日本産蜂蜜となる。

ニホンミツバチの養蜂は、飼っているわけではなく、かといって自然の状態でもない。いわば半飼育である。ではなぜニホンミツバチの養蜂が一般的にならないかというと、セイヨウミツバチと違って巣が気に入らないと、脱走してしまうからである（二度と戻らない）。つまりプロが蜂蜜を集めるためには、ある日突然巣から逃げ出してしまう性質をもつニホンミツバチでは、商売にならないのである。

しかし趣味で養蜂をするには、家畜ではないが飼っているわけでもない、というニホンミツバチの養蜂は、とても楽しい。逃げられたり、入居しなかったりとドキドキすることもあるが、これも半飼育という新しい自然との付き合い方なのだ。そして注意をひとつ。ハチと聞くと怖がる人がいる。むしろそれが当たり前のことなので、ミツバチを飼う人は自分だけでなく、周囲の人への配慮も忘れないようにしてほしい。その注意も

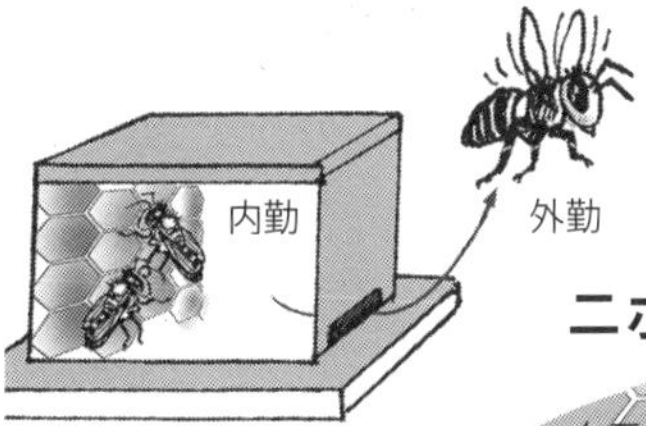

働きバチは最初、巣の中で働く。しばらく経ってから、外に蜜を集めに出かけるようになる。

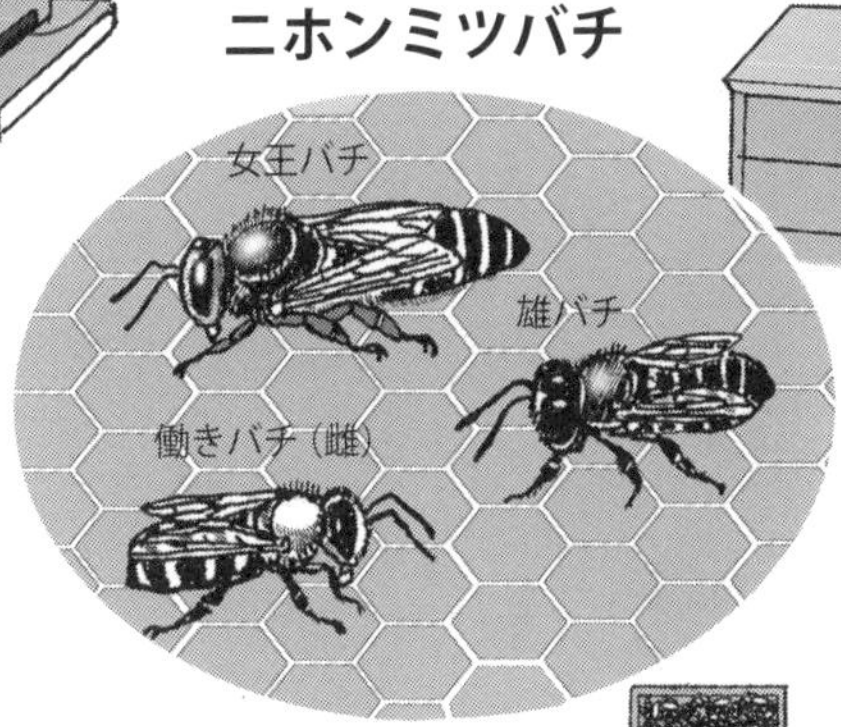

ニホンミツバチは、複数の種類の花の蜜を集める。そのため百花蜜と呼ばれる。

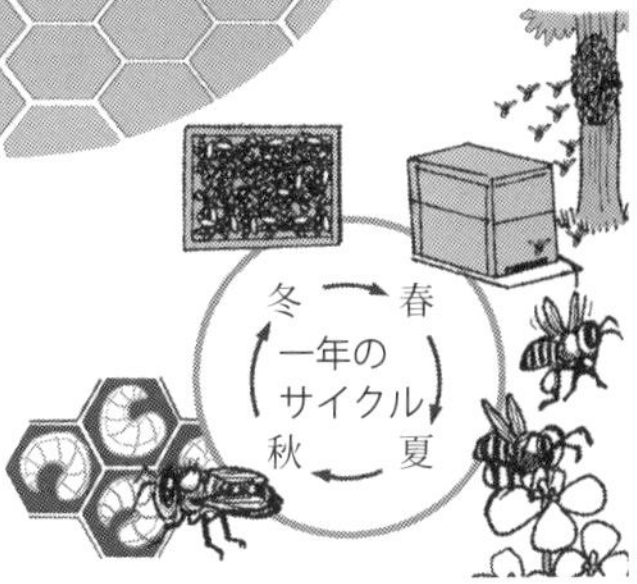

冬は蓄えた蜜と花粉で越冬。春になると数を増やして分蜂（巣分かれ）。夏から秋にかけては、餌を蓄えて仲間を殖やす。

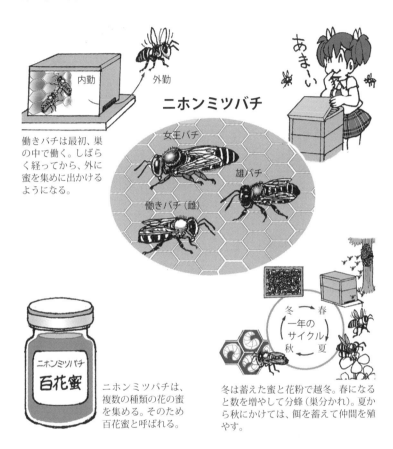

含めて複数の人でニホンミツバチを飼いながら、地域の自然を見直していくというのは、なかなか有効なアイデアだと思うのだ。つまり半自然《はんしぜん》との付き合いだ。

●小さな一歩を踏み出すこと

まわりを見回してみると手つかずの自然はどこにもなかった。どの自然も人の手が入っていたり、外来種が住んでいたりした。しかし、それが当たり前の自然なのだ、と思える感性が現代には必要だ。ならば今かかわろうとしている自然の、その目指すべき目標はどこにあるのだろう。実は、それを探すことが地域の自然の見直しにもなり、また地域の自然を知る楽しみにもなる。

それにはとりあえず1年、その場所に定期的に通って、記録をとってみることだ。いつごろ、どんなものが、どのくらいいたのか。簡単なメモでいい。「ものさし」にした植物や動物の記録、見た、見なかった、だけでもいい。参考になるこれまでの記録があれば、それとどう違うのかも書いておく。結果が同じでももちろんよい。2年、3年で自然の中の生き物の暮らしが、そう単純でないことがわかってくるだろう。その記録が集まったら、目標の方向を探そう。そしてまた1年。少しずつ修正しながら、続けていく。

そして次にすることが新しい目標を決めることだ。つまり基準となる過去の自然、目標（ベースライン）の設定だ。これにあわせて、殖えすぎている草を選択的に抜いてみるとか、数が少ない生き物を殖やすにはどう手助けすればよいのかを試行錯誤する。この本では具体的な方法は述べないけれど、ヒントは「多自然」という言葉だ。新しく、その場所に自然を作り出すようなイメージで取り組むという感じだろうか。

そのときにお手本にする「自然」は、その場所の50年前の自然や、そこから、なるべく近いところにある自然を参考にするとよいだろう。

良いお手本がないとしたら、近くに流れている川を調べてみよう。川は小さな何本もの支流が集まり本流となって海へ注ぐ。この川の集まりが水系《すいけい》だ。その周辺の土地、つまり流域《りゅういき》にある自然が再現すべきお手本になる。

流域とは、降った雨（雪）を水系に集める土地全域を指す。降水を川に導く地形で、大地の凸凹が水を川に伝える。流域は、水系を木の幹や枝にした「木のシルエット」に肉付けされた葉の広がりのような姿をしている。たとえば東京都を流れるほとんどの川は、埼玉県の甲武信《こぶし》ヶ岳《がたけ》に水源をもつ荒川に合流するため、荒川水系と呼ばれる。そして荒川水系の流域は行政の区域とは関係なく、２９４０平方キロメートル（埼玉県２４４０

平方キロメートル、東京都500平方キロメートル）で、半分ちかくが埼玉県の山地に属する地域になる。この広い流域に127本の支流が広がり、最終的に一本の荒川になって東京湾に注いでいる。荒川流域の北側は利根川水系（利根川流域）、そして南側は多摩川水系（多摩川流域）になる。日本列島は一級河川（一級水域）109の流域に、ほぼ全体が覆われている。自然を見るときに流域という単位で地域を考えると、今まで見えてこなかった姿が立ち現れる。流域を面でとらえると土地の広がりにすぎないけれど、そこには水の循環が立体的に働いている。だから植物にしても、魚にしても、この水系ごとに変化しているのだ。そして水系が支える流域という地面が、そこにどのような自然があるのかを知る「住所」にもなる。

人間の世界には地図があって所番地《ところばんち》が定められている。同じように自然や地球にも所番地があって、それは川が教えてくれるのだ。流域をたどっていけば、自分が知りたい自然の状態や歴史を参照する地域を見つけることができるだろう。そこから自分が守ろうとしてる自然の新しいベースラインを設定することができる。先に触れた「景域《ランドスケープ》」と「流域《ウォーターシェッド》」が重なると、目指すべき自然が見えてくるような気がする。

詳しくは『「流域地図」の作り方』（岸由二／ちくまプリマー新書）を参考にしてほしい。

流域地図

複数の支流が集まって本流をつくり、海へ注ぐ。その全体が流域地図。

今の都市の川は、暗渠《あんきょ》になって雨水が地下を流れる部分もあり、皮肉をこめて流域ではなく、パイプ域や溝域とも言われる。

川の水は、海へ注ぐまで周辺の地域に降った降水(雨や雪)を集めて海まで流れていくの。水が川に集まる地域が流域よ

目指す自然のベースラインができれば、あとは計画、観察と実行、振り返り(次の年の計画の微調整)、観察と実行、振り返り(次の年の計画の微調整)の繰り返しだ。この方法はカナダのブリテッシュコロンビア大学の生態学者C・S・ホリング(1930―2019)らによって提唱された「順応的管理」という考え方を参考にしている。先の見えないとき、それも折り込みずみで、計画を進め、そこでわかった結果から少しずつ修正しながら、さらに進むという考え方だ。難しいことは考えないで、まず始める。そして方向が見えてきたら、修正していく、という方法だ。

◉明治神宮の森

里山《さとやま》も東京の代々木から原宿に広がる明治神宮も人間が管理して作り出した自然だ。手つかずの自然ではない。それでもそこには、たくさんの生き物が集まってきて豊かな自然を作り上げている。集まってくるのは、たまたま近くにいた生き物たちで、外来種も在来種もない。これまでは「手つかずの自然や原生林など、ない」と言ってきたけれど、もしあったとしてもそこには、在来種だろうが外来種だろうが、生き物が住んでいることだろう。

明治神宮の森は、日本の林学の草分けである林学者本多静六《ほんだせいろく》（１８６６―１９５２）とその弟子本郷高徳《ほんごうたかのり》（１８７７―１９４９）と上原敬二《うえはらけいじ》（１８８９―１９８１）の３人によって１９２０年（大正９年）に造林された森だ。神社の森にはスギという常識を覆してシイやクスなどの常緑広葉樹を植えた。また管理法としては、森から「持ち出さず入れず」という天然更新の森を目指した。これは本多がドイツ留学で学んだ当時最新の造林法であったという。ここは、もともとは代々木の練兵場だった場所で、関東ローム層が剝き出しの荒れ地であった。その場所が１００年を経たずに２４０種、16万本の木が茂る森になったのである。

もちろん都会から離れた場所に、ほったらかしの場所があってもいい。でも身近にも自然があったら楽しいなあ、と思ったら、公園でも庭でも学校の一部でも、新しい自然を作ればいいと思う。環境ジャーナリストのエマ・マリス（１９７９―）は『「自然」という幻想』（岸由二・小宮繁訳／草思社）という本で「過去でなく未来に視点を向け、目標を階層化し、ランドスケープ（景域《けいいき》）の管理を進めることこそ、（未来の）自然保護の要点」だと述べている。

自分たちで手を入れてよい土地があるならば新しい自然づくりに挑戦してみてほしい。

外来種の植物が数種だけのびのびと生えているような野原なら、挑戦のしがいがあるはずだ。少し草抜きをして、在来種も生きていける空間を作ってみてはどうだろうか。そのときに外来種を全部抜かないことが肝腎《かんじん》だ。いずれ抜いてしまうにしても、ほかの植物が育ちはじめ、そろそろいいな、と思うまでじっと我慢する。今は、人間が管理する自然という意味で、デザイナーズ生態系という言葉も使われはじめている（ちょっと抵抗のある言葉だけど）。明治神宮の森などは日本のデザイナーズ生態系の嚆矢《こうし》と言ってもよいだろう。

自然を管理するときには、外来種も自然を作りなおすときのひとつの駒として考えられるとよいと思う。自然の保全のゴールはひとつではないし、たびたび変更があってもよいということだ。地域ごとにも目指す自然は違うはずだ。もちろん徹底的に外来種を駆除《くじょ》した自然もあっていい。しかし現実の日本では、その一点にばかり注目すると身近な自然が全部失われてしまうことになる。

現在の公立の公園のほとんどは指定管理者制度によって管理されている。簡単に言ってしまえば民間業者への委託である。それならば再公営化も含めて、地域の人が考える「自然」のあり方をもう一度考えてみてもよいかもしれない。地域主権の自然や公園のあり方は、ヨーロッパなどでミュニシパリズム（地域主義）というかたちで広がりつつある。公園や自然の管理、すくなくともその方向について地域の人の考えが反映されるのは当然のことだろう。先にも触れたドゥルーリーの言葉のように「自然の保全はその地域のことをいちばんよく知っているナチュラリストの言う通りにすべきだ」が実現すればよい。

どんな小さな自然でも、どんなに単純な自然であっても、まず今ある自然から考えなおしてみよう。ありもしないものを探すのではなく、目の前の自然をよく見て、少しずつ良い方向に修正していく。新しい自然のお手本は、50年前にあった地元の景観だ。それを目標に今ある自然を自分たちで再生していくように考えてみてはどうだろう。そこには外来生物がいるかもしれないが、豊かな地域の自然ができているはずだ。

●保護地域を広げようという世界的な動きＯＥＣＭ

２０２２年（令和４年）12月、カナダのモントリオールで生物多様性条約第15回締結国際会議（ＣＯＰ15）が開催された（議長国は中国）。

生物多様性条約とは、生物の多様性の保全、持続的な利用、遺伝子資源の公平な利用

（自然豊かな国＝後進国を先進国の搾取から守る）というものだ。今回の会議で注目されるのは30 by 30（サーティ・バイ・サーティ）という目標（ターゲット3）が採択されたことだ。これは、それぞれの国の国土の30％を、２０３０年（令和12年）までに自然保護地域として指定するというもので、世界的な規模で達成できれば保護地が格段に広がる。

その目標を達成させる方策として「保護地以外の生物多様性保全に資する地域Other Effective Area-based Conservation Measures（ＯＥＣＭ）」を指定するという。これはどういうことかというと、すでにある保護区と繋がり（連結性）のある地域で、民間の努力により生物多様性の保全に貢献している地区を国が認定していこうという考え方だ。

現在の日本の保護地域とは、自然公園（国立公園など＝自然公園法）、自然海浜保全地区（瀬戸内海環境保全特別措置法）、自然環境保全地域（自然環境保全法）、鳥獣保護区（鳥獣保護管理法）、生息地等保護区（種《しゅ》の保存法）、近郊緑地特別保全地区（首都圏近郊緑地保全法ほか）、特別緑地保全地区（都市緑地法）、保護林（国有林の管理運営に関する法律）、緑の回廊（国有林の管理運営に関する法律）、天然記念物（文化財保護法）、都道府県が条例で定めるその他保護地域などで、これら全部で国土の約20％を占めている。

つまり日本は、30 by 30を達成するために、残りの10％、具体的にいうと埼玉県の約

9倍の面積の社寺林、企業有林、企業緑地、里地里山などを、2030年（令和12年）までに新たな保護地域として指定し、国際登録をしなければならない。

　保護地以外保護地域（OECM）という言葉は、「大きな小島」や「小さな大仏」のように言語的な矛盾を感じるが、好意的にみれば、これまで自然保護区としては見逃されていた小さな区域にも目を配り、それぞれを繋ぐ効果がある。しかも「民間の取組等により結果的に生物多様性の保全に貢献している区域」とあるので、市民による自然保護活動と親和性が高い。

　もともと30 by 30という目標は、2021年（令和3年）にイギリスで開催されたG7で出てきた話で、日本を含む7か国では2030年までの自然再興《ネイチャーポジティブ》や30 by 30の目標がすでに決定されていた。国内では、すでにそれを受けた生物多様性国家戦略関係省庁連絡会議が開かれ、保護地以外の生物多様性保全に資する地域（OECM）を推進する行程表《ロードマップ》を2022年（令和4年）4月に環境省が発表している。

●新しい保全地域を利用する

　保護地域以外の生物多様性保全に資する地域（OECM）の具体的な設定には、現在決まっている保護地域以外に「自然共有サイト」という区域を設定し、その管理を2030年(令和12年)まで見守り環境省が認定、最終的に世界登録をするという段取りだ。

自然共有サイトの対象となるのは、生物多様性の価値をもち、企業・団体・個人・自治体による取り組みによって、生物多様性の保全が図られる区域だと定義されている。「管理されている」ことが大切だそうで、ビオトープ、ゴルフ場、スキー場、都市内の公園、遊水地、建物の上の緑化地、屋敷林などの例が挙げられている。そして我こそは「自然共有サイト」に相応しい区域を管理していると、個人や団体が環境省に申請を行うと、審査が行われる。認定されると国際データベースに登録され、その貢献が明示されるようになるという。やや前のめりな印象もあるが、一般市民が近所の自然を再生しようという試みにぴったりの制度のように感じる。将来的には、活動を支えるなんらかの優遇措置《インセンティブ》も考えているそうである。

では、すでに鳥獣保護区や国立公園内と重なっている区域はどうなるのかというと、自然共有サイトの認定地区のうち、保護地以外の地域が生物多様性保全に資する地域(OECM)として登録されるという。認定の重複はOKだけど、登録は重複したところを除いた面積だよ、ということだ。

●認定の基準は？

自然共有サイトの認定には大きな4つの基準が提示されている。

①境界や名称による基準。

②管理機構（ガバナンス）に関する基準。

③生物多様性の価値に関する基準。これは、場（土地）の特性、生物種の生息生育地、生物・生態系にかかわる機能の観点から以下の、場・種《しゅ》・機能に振り分けられたⅠ～Ⅸまでの9つの基準が設定されている。

場としての価値（Ⅰ多様性の重要性が認められている自然、Ⅱ原生的な自然、Ⅲ里山《さとやま》など二次的な自然、Ⅳ生態系サービスが提供される健全な生態系、Ⅴ地域の伝統文化に活用される自然）、種の保全としての価値（Ⅵ希少な生物種が生息する自然、Ⅶ特殊な環境にしか生息できない種が生息する自然）、機能としての価値（Ⅷ越冬や渡りなど生物の生活史に不可欠な自然、Ⅸ既存の保護地域に接続して緩衝機能や連結性を高める自然）である。

環境省自然共生サイト

④管理による保全効果に関する基準。これは管理の有効性と、観察（モニタリング）と評価が検討される。

認定には、まず地権者の許可を得ていることがいちばん大切で、申請する団体が勝手に保護地域を申請しても通らない。その意味での管理権限などが認められたものでないと認定は難しい。現在のところワインメーカーのブドウ畑、大学の研究林、里山《さとやま》と棚田《たなだ》、町立のビオトープなどが自然共有サイトとして試行されている。

このような自然共有サイトの認定は、身近の自然再生をする人びとにとっては、ひとつの目標になるのではないだろうか。ちなみに認定を受けても義務はない。ただし一定期間後の評価はあり、自然再生や管理方法のマニュアルなどの助言（指導？）はあるらしい。また開発などの足かせにもならないという。いずれにしても埼玉県の9倍の地域が２０３０年（令和12年）までに新しい保護地域に指定されるというのだから、ある意味頼もしい話である。しかも民間の管理する地域ということが、新しい自然の再興を感じさせる。

●裏庭にある真実の自然

進化論を書いたチャールズ・ダーウィンの最晩年の著作は『ミミズの作用による肥沃土の形成およびミミズの習性の観察』（1881〈邦題『ミミズと土』〉）である。これは1842年から始められた観察で、ミミズの活動によって落ち葉が分解され豊かな土壌ができることを家族と40年にわたって「裏庭」で見続けた記録だ。これは種《しゅ》が、長い時間をかけて徐々に変化することで、大きな、ときには驚くべき結果に繋がることがある、というダーウィンの進化論に通底する信念の研究だ。当時、地球を股にかけた大研究をしたダーウィンが、裏庭でミミズの観察をしているとは！　と馬鹿にする人もいたという。

しかし、そうではない。晩年のダーウィンは、14歳下のフランスの昆虫学者ジャン＝アンリ・ファーブルと文通していた。ファーブルは30年をかけて昆虫の観察を行い『昆虫記』全10巻にまとめた。標本の虫（死んだ虫）を分類する博物学ではなく、生きた虫を観察した今でいう動物行動学の草分けの一人である。ダーウィンは『昆虫記』の2巻目で没しているが、その直前までハチや猫の帰巣本能について二人は意見を交換し、ダーウィンはファーブルに実験の方法などを提案していた。

ファーブルは、昆虫の観察のほとんどを自宅の「荒地《アルマス》」と名付けた庭で家族と行っていた。その深い昆虫の観察は、ダーウィンをして「たぐい稀な観察者」と言わしめた。ダーウィンが晩年、自分の庭での観察に力を込めたのは、ファーブルの影響ではないだろうか。ちなみに年下のファーブルはダーウィンを尊敬していたが、進化論は認めていなかった。昆虫が巣作りや狩りで見せる連続した複雑な一連の行動が「自然選択」(トライ&エラー)の結果だとしたら、そんな悠長なことをしているあいだに虫は滅んでしまうだろうと考えていたのだ。ダーウィンもこのファーブルの素朴な疑問には真正面から答えることはできなかった(もちろん慎重なダーウィンは、ファーブルの観察のなかに、ファーブル自身が気がつかなった「生物進化」の姿を読み取っていたことは間違いない)。

●三本足のヒキガエル

都会の公園は小さな自然だが、大自然では埋もれてしまうようなことを発見するときがある。ある年、私は妙な動きをしているヒキガエルを見つけた。よく見ると右手が無

裏庭にある自然

アンリ・ファーブル

『昆虫記』を書いたフランスの昆虫学者。

チャールズ・ダーウィン

『進化論』を書いたイギリスの博物学者。

荒地《アルマス》と名付けた家の庭で虫を観察した

アルマス

ダウンハウス

裏庭で何十年もミミズを観察していた

い。事故にでもあったのか三本足の雄ガエルなのだ。腕がなければ雌に抱きつくことができないので繁殖は難しいのではないかと思うが、繁殖期なので律儀に池に出てきたのだろう。うちの四肢がないミドリガメもそうだが、本人は体の不自由さを気にしているようすはない。カエルは車に轢かれても辛うじて生き延びたのだろう。このような三本足のカエルをほかでも何度か見ている。よく言われるように弱肉強食で自然が厳しいのなら、障碍《しょうがい》ガエルが生き残ることはないはずだ。しかし都会の公園なら、その「競争」もおだやかなのだろう。このような障碍ガエルは、これまでも知られていて、金沢城の公園では三本足のカエルが13年も生き延びて、繁殖にも参加していた記録が残されている（『金沢城のヒキガエル』奥野良之助／平凡社〈初版はどうぶつ社〉）。公園はいろいろな生き物にとっての避難場所にもなっている。外来種にとっても、公園の自然が、避難場所になってほしいものだと思う。

ファーブルの荒地《アルマス》、ダーウィンのミミズの庭、１００年の構想をもって造園された明治神宮の森まで、人工的な自然にも驚異の世界が潜んでいる。「裏庭に至高なものを見る」（エマ・マリス『「自然」という幻想』）という言葉は、新しい自然保護の希望の言葉ではないだろうか。

おわりに

いまミドリガメ（ミシシッピアカミミガメ）は、日本の１１０万世帯で１８０万匹が飼育されているという（環境省・２０１３年）。また野外にも８００万匹がいると推定されている（同前・２０１６年）。

外来生物をこれ以上、国内の自然へ、入れない、捨てない、広げないという「三原則」に反対する人はいないだろう。本書でも述べてきたように、問題は、すでに自然に定着している外来生物をどう扱うかにある。ミドリガメについては「野外での繁殖確認事例が少ないこと」、「大量に飼育されており、指定により野外への大量遺棄が発生するおそれがあること」などから特定外来生物への指定が見送られ「緊急対策外来種」とされてきた経緯があった。

しかし２０２３年（令和５年）６月から条件付特定外来生物への指定が決まった。「条

件付」とは、終生飼養《しよう》（死ぬまで責任をもって飼う。野外へ放さない）という条件を守れば登録の必要はなく、飼育し続けることができるという意味だ。もちろん逃せば特定外来生物を逃した罰則が科せられる。また輸入や販売も禁止されている。野外にいるミドリガメの運命は、駆除《くじょ》か、捕まえた人が終生飼養するかの、ふたつに分かれることになった（人に見つからずにひっそり生きるという望みも少しはある）。

個人的には可愛いミドリガメを逃がす（捨てる）ことなど考えられないし、脱走されたら困るので、蓋や柵を二重三重にして外へ出ないよう工夫する。家族同様のカメが困ったことにならないようにするのは当たり前のことだ。これはミドリガメ以外のカメや、ほかの飼育生物にも当てはまる。

ミドリガメは市販の配合飼料だけで健康に育ち、よく慣れて人生の長い伴侶となる。野生動物ではあるが愛玩動物としての資質を具えている。魚と違い、触れ合うこともでき、水槽や衣装ケースなどを利用して飼うこともできる。簡単な気持ちで飼ってほしくはないが、毎日水替えをしてやるくらいの最低限の手入れができれば、とても可愛いペットになる。犬や猫を飼うのと同じくらいの気持でミドリガメにも接してほしい。そして熱帯魚を含む外来生物を飼っている人（含む私）は、自分たちの趣味が次の世代の人たちも楽しめるように、飼育生物の終生飼養（と、できれば国内繁殖《ブリード》）をお願いします。

本書は「間違いだらけのクルマ選び」「声に出して読みたい日本語」など、大ヒット書籍を手がけられた、私の尊敬する編集者木谷東男《はるお》さんのお声がけによって世に出ることになりました。可愛い女の子ハルと生き物のイラストは、やはり古くからのお付き合いをいただいているもちつきかつみさんの作品です。もちつきさんは、伝説の熱帯魚雑誌「フィッシュマガジン」でも活躍されていた生き物好きです。今回はずいぶん無理（うちのカメをもっと可愛く描いて等）を言い、ご迷惑をおかけしました。そして脱線につぐ脱線をする原稿の内容を、細部まで確認してくださったのはさくらいみちこさんです。私の考えている内容に添う方向で適切なご助言をくださいました。いつものことながら感謝いたします。最後に本書の大きな柱となる方向性をお示しくださった先生がおられるのですが、今回はお名前を出されないとのことでしたので、心の中で感謝いたします。

●主要参考資料（原則として本文に引用したものを除く）
「クチボソが脚光を浴びた日」伊地知英信（魚のぞき6／月刊フィッシュマガジン・2003）
「日本海の孤島へ亀を見に行く」伊地知英信（魚のぞき10／月刊フィッシュマガジン・2003）
「第1〜6回　動物の愛護管理のあり方検討会　動物の愛護管理の歴史的変遷」（環境省・2004）
「今、カミツキガメを飼う」伊地知英信（魚のぞき31／月刊フィッシュマガジン・2005）
「爬虫類・両生類における外来種問題」戸田光彦・吉田剛司（爬虫両棲類学会報・2005）
「外来種の定着と侵略性の生態学的要因」鷲谷いづみ（日本水産学会誌・2007）
「外来生物に対する対策の考え方」（特定外来生物の安楽殺処分に関する指針、外来生物法に基づく防除実施計画策定方針を含む）社団法人日本獣医師会（2007）
『環境を知るとはどういうことか 流域思考のすすめ』養老孟司・岸由二（PHPサイエンス・ワールド新書・2009）
『生物多様性のウソ』武田邦彦（小学館新書・2011）
「クニマスについて　秋田県田沢湖での絶滅から70年」中坊徹次（タクサ・2011）
「海外の主要国における外来生物対策に資する法律と主な規制内容」（環境省・2013）
『自然保護』「今、改めて知りたい外来種問題」五箇公一（日本自然保護協会会報542号　2014年11-12月）
「自然再生推進法のあらまし」（改訂版）（環境省・2015年）
「第15回爬虫類・両生類の臨床と病理のための研究会」（SCAPARA）「アカミミガメ外来生物指定の経緯と国の対応」環境省自然環境局野生生物課外来生物対策室、「須磨海浜水族館のアカミミガメ問題への取り組みと研究」亀崎直樹（講演・2016）
「生態系被害防止外来種リスト」（環境省・農林水産省・2016）
「アカミミガメシンポジウム　みんなで考えるアカミミガメのこれから」カメから考える水辺の自然　矢部隆（講演・2019年）
「遺跡産骨遺存体から探る日本列島のクサガメの起源」高橋亮雄（亀楽19号2020年）
「国指定天然記念物「見島のカメ生息地」について考えたこと」内務省告示第249号と萩市見島のウシとカメ、防長新聞記事をめぐって　後藤康人（亀楽19号2020年）
「第4回外来生物対策のあり方検討会　議事次第」（環境省・2021）
「生物多様性科学国際計画」ことはじめ（覚書）川那部浩哉（日本生態学会誌・2021）
『はじめての動物倫理学』田上孝一（集英社新書・2021）
「アメリカザリガニ対策の手引き」環境省自然環境局野生生物課外来生物対策室（2022）
「ムクドリのために衰退を示したのはシルスイキツキだけ」
https://www.scientificamerican.com/article/call-of-the-reviled/
IPCC（気候変動に関する政府間パネル）気象庁
https://www.data.jma.go.jp/cpdinfo/ipcc/index.html
森林文化協会ニュースピックアップ　生き延びろ、サドガエル　トキの好物、絶滅危惧種に指定
https://www.shinrinbunka.com/news/pickup/7205.html
30by30　自然共生サイト（概要と申請方法）
https://policies.env.go.jp/nature/biodiversity/30by30alliance/kyousei/

主要参考資料／本書で扱った内容の年表

◉本書で扱った内容の年表（主要なものを略して記した）

和暦	西暦		西暦	
明治			1854	フランス　パリ順化協会設立
4	1871	日本にキャベツが導入される	1871	アメリカ　アメリカ順化協会設立
10	1877	アメリカよりセイヨウミツバチ導入	1872	ジャマイカ　マングース導入
			1872	アメリカ　イエローストーン国立公園設立
			1880	アメリカ　ホシムクドリ導入
35	1902	動物虐待防止会発足	1900	アメリカ　レイシー法制定
43	1910	南西諸島にインドよりマングース導入	1908	オーストラリア　検疫法制定
大正				
8	1919	史跡名勝天然記念物保存法制定		
9	1920	明治神宮の森を造成		
14	1925	芦ノ湖にブラックバス導入		
昭和	1926	ウチダザリガニ導入		
2	1927	アメリカザリガニ導入		
3	1928	見島のカメ生息地天然記念物に指定		
6	1931	国立公園法制定		
11	1936	平岩米吉　動物文学会設立		
15	1940	田沢湖の生内発電所稼働（玉川の水導入）		
16	1941	大東亜戦争（～ 1945）		
23	1948	田沢湖のクニマス絶滅		
24	1949	皇居外苑　国民公園として開放		
26	1951	芦ノ湖でブラックバスの漁業権設定		
27	1952	トキが特別天然記念物に指定		
36	1960	明仁親王　アメリカよりブルーギルを贈られる		
37	1962	皇居濠　草刈りのためにソウギョ導入	1962	ジャマイカ　イギリス連邦加盟国に
38	1963	見島総合学術調査　クサガメとイシガメの捕獲調査		
	1963	琵琶湖にイケチョウガイの養殖のためブルーギル導入	1970	コロンビア　カメの輸出を禁止
40	1965	明仁親王　タイ王室にティラピアを贈る		
42	1967	トキ保護センター建設	1971	キャリコット　環境倫理学の講座開設
50	1975	皇居濠　ブラックバスが発見される	1975	アメリカ　ミドリガメの仔ガメの販売禁止
52	1977	琵琶湖にブルーギルが定着	1976	ドイツ　連邦自然保護法
54	1979	奄美大島にマングース導入		
59	1984	皇居濠　ブルーギル発見	1983	フランス　環境法制定
60	1985	琵琶湖でブラックバス、ブルーギルの駆除開始		
平成	1989	河口湖でブラックバスの漁業権設定		
5	1993	生物多様性条約批准		
6	1994	山中湖と西湖でブラックバスの漁業権設定	1997	コンスタンザ「生態系サービス」発表
11	1999	中国産トキの人工増殖に成功		
12	2000	ブラックバス駆除について論争が起こる		
13	2001	皇居濠の移入種駆除作業の５年計画事業始まる		
14	2002	カミツキガメ　特定動物に指定		
	2002	滋賀県　外来魚の買い上げを開始		
	2002	自然再生推進法制定		
15	2003	最後の日本産トキ死亡		
	2003	皇居外苑　牛ヶ淵で外来種駆除（初の近代かいぼり）		
17	2005	外来生物法施行		
	2005	カミツキガメの引き取り（筆者）		
20	2008	中国産のトキの放鳥		
	2008	生物多様性基本法施行		
24	2012	中国産トキ野生定着（自然下での繁殖）	2012	生物の「意識に関するケンブリッジ宣言」
令和	2019	動物の愛護及び管理に関する法律　改正		
2	2020	アメリカザリガニを除く外来ザリガニ特定外来生物に指定		
4	2022	生物多様性条約15回締結国際会議		
	2022	OECMを推進する行程表の発表		
5	2023	ミドリガメ、アメリカザリガニ条件付特定外来生物に指定		
12	2030	OECM自然共有サイトの制定（予定）		

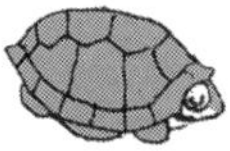

●**伊地知英信**（いじちえいしん）
1961年東京生まれ。自然科学書や博物館展示物の編集者・ライター。自然観察のインタープリター。集英社版『完訳ファーブル昆虫記』10巻20冊の編集および脚注・訳注の執筆に関わる。『めだかのぼうけん』（ポプラ社）、『しもばしら』（岩崎書店／第58回児童福祉文化賞）など。大学卒業以来観賞魚専門誌で連載を続けている。愛玩動物飼養管理士。日本の爬の会会員。

外来種は悪じゃない —— ミドリガメのための弁明

2023年8月2日　第一刷発行

著　者　伊地知英信
イラスト　もちつきかつみ（本文およびカバー）
装幀者　清水良洋（Malpu Design）
発行者　碇　高明
発行所　株式会社草思社
〒160-0022　東京都新宿区新宿1－10－1
電話　営業部03（4580）7676
編集部03（4580）7680
印刷所　中央精版印刷株式会社
製本所　加藤製本株式会社
校閲者　さくらいみちこ

ISBN978-4-7942-2665-5　Printed in Japan 検印省略
